全国高等教育自学考试指定教材

计算机程序设计基础

（2024年版）

（含：计算机程序设计基础自学考试大纲）

全国高等教育自学考试指导委员会　组编

孙践知　肖媛媛　张迎新　编著

机械工业出版社

本书是根据全国高等教育自学考试指导委员会最新制定的《计算机程序设计基础自学考试大纲》，为参加高等教育自学考试的考生编写的教材。编写过程中，参考了相关教材，并结合编者多年来从事相关课程的教学心得，以及编写教材的经验和体会，选材适当，叙述简洁且针对要点，符合自学考试的特点与要求。全书共 15 章，各章由浅入深，详细讲解相关的概念和知识点，配合例题辅助对知识点内容的理解及掌握。对相关的算法在讲解实现思路的同时，给出了实现代码。各章的最后配以适量的习题供考生练习使用，并提供配套的习题解答，旨在给学习这门课程的考生以启发，达到掌握相关知识和开阔视野的目的。本书还列出了要完成的实验题目，完成这些实验题目，既能提升考生的编程能力，也有助于培养考生分析问题、解决问题的能力。

　　本书不仅适合作为自学考试的教材，也可作为其他相关专业数据结构课程的教材。

　　本书配有电子课件、习题解答等教辅资源，需要的读者可登录 www.cmpedu.com 免费注册，审核通过后下载，或扫描关注机械工业出版社计算机分社官方微信订阅号——身边的信息学，回复 76040 即可获取本书配套资源链接。

图书在版编目（CIP）数据

计算机程序设计基础：2024 年版／全国高等教育自学考试指导委员会组编；孙践知，肖媛媛，张迎新编著. — 北京：机械工业出版社，2024.6. -- （全国高等教育自学考试指定教材）. -- ISBN 978-7-111-76040-5

Ⅰ．TP311.1

中国国家版本馆 CIP 数据核字第 20244V7A54 号

机械工业出版社（北京市百万庄大街 22 号　邮政编码 100037）
策划编辑：王　斌　　　　　责任编辑：王　斌　解　芳
责任校对：郑　雪　张昕妍　　责任印制：任维东
河北鑫兆源印刷有限公司印刷
2024 年 7 月第 1 版第 1 次印刷
184mm×260mm・17 印张・420 千字
标准书号：ISBN 978-7-111-76040-5
定价：59.00 元

电话服务　　　　　　　　　　网络服务
客服电话：010-88361066　　　机　工　官　网：www.cmpbook.com
　　　　　010-88379833　　　机　工　官　博：weibo.com/cmp1952
　　　　　010-68326294　　　金　　书　　网：www.golden-book.com
封底无防伪标均为盗版　　　　机工教育服务网：www.cmpedu.com

组 编 前 言

21世纪是一个变幻难测的世纪，是一个催人奋进的时代。科学技术飞速发展，知识更替日新月异。希望、困惑、机遇、挑战，随时随地都有可能出现在每一个社会成员的生活之中。抓住机遇，寻求发展，迎接挑战，适应变化的制胜法宝就是学习——依靠自己学习、终生学习。

作为我国高等教育组成部分的自学考试，其职责就是在高等教育这个水平上倡导自学、鼓励自学、帮助自学、推动自学，为每一个自学者铺就成才之路。组织编写供读者学习的教材就是履行这个职责的重要环节。毫无疑问，这种教材应当适合自学，应当有利于学习者掌握和了解新知识、新信息，有利于学习者增强创新意识，培养实践能力，形成自学能力，也有利于学习者学以致用，解决实际工作中所遇到的问题。具有如此特点的书，我们虽然沿用了"教材"这个概念，但它与那种仅供教师讲、学生听，教师不讲、学生不懂，以"教"为中心的教科书相比，已经在内容安排、编写体例、行文风格等方面都大不相同了。希望读者对此有所了解，以便从一开始就树立起依靠自己学习的坚定信念，不断探索适合自己的学习方法，充分利用自己已有的知识基础和实际工作经验，最大限度地发挥自己的潜能，达到学习的目标。

欢迎读者提出意见和建议。

祝每一位读者自学成功。

全国高等教育自学考试指导委员会
2023年12月

目 录

组编前言

计算机程序设计基础自学考试大纲

大纲前言
Ⅰ. 课程性质与课程目标 ………………… 3
Ⅱ. 考核目标 ……………………………… 4
Ⅲ. 课程内容与考核要求 ………………… 5
Ⅳ. 关于大纲的说明与考核实施要求 …… 19
Ⅴ. 题型举例 ……………………………… 21
Ⅵ. 参考答案 ……………………………… 26
后记 ………………………………………… 30

计算机程序设计基础

编者的话
第一章 C/C++程序设计入门 ………… 33
　第一节　程序和软件 …………………… 33
　第二节　程序设计语言 ………………… 34
　第三节　C/C++简介 …………………… 35
　第四节　C/C++语言集成开发环境 …… 35
　第五节　编写C语言程序 ……………… 39
　第六节　编写C++语言程序 …………… 44
　第七节　C++程序框架 ………………… 45
　本章小结 ………………………………… 46
　习题一 …………………………………… 46
　实验一　C/C++入门 …………………… 48
第二章 程序中的数据表示 …………… 49
　第一节　数据类型 ……………………… 49
　第二节　常量和变量 …………………… 50
　本章小结 ………………………………… 55
　习题二 …………………………………… 56
　实验二　程序中的数据表示 …………… 58
第三章 运算符和表达式 ……………… 59
　第一节　运算符和表达式概述 ………… 59
　第二节　算术运算符 …………………… 60
　第三节　关系运算符 …………………… 61
　第四节　逻辑运算符 …………………… 62
　第五节　赋值运算符 …………………… 63
　第六节　条件运算符和逗号运算符 …… 64
　第七节　运算符优先级 ………………… 65
　第八节　类型转换运算 ………………… 66
　本章小结 ………………………………… 67
　习题三 …………………………………… 68
　实验三　运算符和表达式 ……………… 70
第四章 顺序结构 ……………………… 71
　第一节　语句 …………………………… 71
　第二节　标准输入输出 ………………… 73
　第三节　顺序结构 ……………………… 74
　本章小结 ………………………………… 75
　习题四 …………………………………… 75
　实验四　顺序结构 ……………………… 76
第五章 选择结构 ……………………… 77
　第一节　if语句 ………………………… 77
　第二节　switch语句 …………………… 84

第三节	条件运算符 …………………… 87	第七节	函数重载和函数模板
本章小结 …………………………………… 88			（扩展阅读） ………………… 154
习题五 ……………………………………… 88		第八节	变量的作用域和生存期
实验五	选择结构 …………………… 91		（扩展阅读） ………………… 156
第六章	**循环结构** …………………… 93	本章小结 ………………………………… 158
第一节	while 语句 …………………… 93	习题九 …………………………………… 159
第二节	do-while 语句 ……………… 95	实验九	函数 ……………………… 163
第三节	for 语句 ……………………… 97	**第十章**	**指针** ……………………… 164
第四节	循环嵌套 …………………… 100	第一节	指针和指针变量 …………… 164
第五节	break 语句和 continue 语句 ………………………… 102	第二节	指针和数组 ………………… 168
		第三节	指针和字符串 ……………… 170
		第四节	指针和函数 ………………… 172
本章小结 ………………………………… 105	本章小结 ………………………………… 179
习题六 …………………………………… 105	习题十 …………………………………… 179
实验六	循环结构 …………………… 108	实验十	指针 ……………………… 184
第七章	**数组** ……………………… 109	**第十一章**	**结构体** …………………… 185
第一节	一维数组 …………………… 109	第一节	结构体类型 ………………… 185
第二节	一维数组的应用 …………… 113	第二节	结构体变量 ………………… 186
第三节	二维数组 …………………… 118	第三节	结构体数组 ………………… 191
第四节	二维数组的应用 …………… 119	第四节	结构体指针变量 …………… 194
本章小结 ………………………………… 122	本章小结 ………………………………… 199
习题七 …………………………………… 122	习题十一 ………………………………… 200
实验七	数组 ……………………… 125	实验十一	结构体 …………………… 204
第八章	**字符串** …………………… 127	**第十二章**	**链表** ……………………… 205
第一节	字符数组 …………………… 127	第一节	链表概述 …………………… 205
第二节	字符串的应用（1）………… 131	第二节	建立链表（扩展阅读）…… 207
第三节	字符串类 …………………… 133	第三节	插入节点（扩展阅读）…… 209
第四节	字符串的应用（2）………… 136	第四节	删除节点（扩展阅读）…… 214
本章小结 ………………………………… 137	本章小结 ………………………………… 218
习题八 …………………………………… 138	习题十二 ………………………………… 218
实验八	字符串 …………………… 140	实验十二	链表 ……………………… 220
第九章	**函数** ……………………… 142	**第十三章**	**文件** ……………………… 221
第一节	函数的概念 ………………… 142	第一节	文件概述 …………………… 221
第二节	函数的定义 ………………… 144	第二节	文件的打开与关闭 ………… 222
第三节	函数的调用 ………………… 146	第三节	文件的读写 ………………… 224
第四节	函数的声明 ………………… 148	本章小结 ………………………………… 233
第五节	参数传递 …………………… 149	习题十三 ………………………………… 233
第六节	嵌套调用和递归调用 ……… 152		

实验十三　文件 …………………………… 235
第十四章　类和对象 …………………… 236
　第一节　类 ………………………………… 236
　第二节　对象 ……………………………… 240
　第三节　构造函数和析构函数 …………… 244
　本章小结 …………………………………… 247
　习题十四 …………………………………… 248
　实验十四　类和对象 ……………………… 250

第十五章　继承与多态 ………………… 252
　第一节　继承 ……………………………… 252
　第二节　多态（扩展阅读）……………… 256
　本章小结 …………………………………… 260
　习题十五 …………………………………… 260
　实验十五　继承与多态 …………………… 262
参考文献 ………………………………… 264
后记 ……………………………………… 265

全国高等教育自学考试

计算机程序设计基础自学考试大纲

全国高等教育自学考试指导委员会　制定

大 纲 前 言

为了适应社会主义现代化建设事业的需要，鼓励自学成才，我国在 20 世纪 80 年代初建立了高等教育自学考试制度。高等教育自学考试是个人自学、社会助学和国家考试相结合的一种高等教育形式。应考者通过规定的专业课程考试并经思想品德鉴定达到毕业要求的，可获得毕业证书；国家承认学历并按照规定享有与普通高等学校毕业生同等的有关待遇。经过 40 多年的发展，高等教育自学考试为国家培养造就了大批专门人才。

课程自学考试大纲是规范自学者学习范围、要求和考试标准的文件。它是按照专业考试计划的要求，具体指导个人自学、社会助学、国家考试及编写教材的依据。

为更新教育观念，深化教学内容方式、考试制度、质量评价制度改革，更好地提高自学考试人才培养的质量，全国考委各专业委员会按照专业考试计划的要求，组织编写了课程自学考试大纲。

新编写的大纲，在层次上，本科参照一般普通高校本科水平，专科参照一般普通高校专科或高职院校的水平；在内容上，及时反映学科的发展变化以及自然科学和社会科学近年来研究的成果，以更好地指导应考者学习使用。

全国高等教育自学考试指导委员会
2023 年 12 月

Ⅰ. 课程性质与课程目标

一、课程性质和特点

计算机程序设计基础是高等教育自学考试计算机应用技术（专科）专业的专业基础课程，同时也适用于计算机网络技术（专科）、软件技术（专科）等相关专业。计算机程序设计基础是一门重要且必备的课程，以 C 语言内容为主，扩充了 C++面向对象基础的相关内容，兼顾知识的深度和广度，兼顾基础理论和编程实践。

本课程的设置目的是使考生掌握程序设计的基本概念、基本理论、基本方法；熟悉程序设计开发环境；具备使用一种软件开发工具进行简单应用的编程能力；为后续的其他计算机专业课程奠定坚实的基础；同时培养考生应用计算机解决、分析和处理实际问题的思维方法与基本能力，为考生将来的创新实验、毕业设计、科学研究提供有力的技术支持。

二、课程目标

本课程设置的目标是要求考生：

理解计算机程序设计的基本概念，熟悉程序设计语言 C/C++的集成开发环境；掌握结构化程序设计的方法，掌握 C/C++的基本语法，能够编写、调试和运行程序；理解面向对象程序设计语言的基本概念；为进一步学习计算机专业其他课程和从事软件开发等实际工作打下基础。

三、与相关课程的联系与区别

本课程的前导课程应该使考生具备计算机基础知识、熟练使用 Windows 操作系统的基础，从而可以继续学习程序设计。

对于计算机相关专业而言，计算机程序设计基础是一门必备的核心课程。程序设计是专业基础知识，是进一步学习其他专业知识的阶梯。程序设计的学习有助于理解计算机的能力所在，理解计算机擅长解决的问题，理解什么样的方式方法是计算机擅长的，从而能更好地利用计算机来解决本专业领域内的问题。

本课程为考生进行计算机相关专业的后续课程的学习奠定了必要的理论和实践基础，是数据结构、算法设计、软件技术等课程的前导课程。

四、课程的重点和难点

本课程主要内容为：C/C++程序设计语言的基本知识、集成开发环境、程序设计基础、编程语言的规范、流程控制方法、基本输出输入、常用类库、数组、函数、指针、链表、结构体、文件、类与对象、继承与多态等。

课程的重点是数据类型、程序控制结构、函数、数组、指针、文件。难点是指针、函数、文件、面向对象的程序设计方法、对象、方法、属性及继承与多态性。

Ⅱ. 考 核 目 标

本大纲的考核目标中，按照识记、领会、简单应用和综合应用四个层次规定其应达到的能力层次要求。四个能力层次是递升的关系，后者必须建立在前者的基础上。各能力层次的含义如下。

识记（Ⅰ）：要求考生能够识别和记忆本课程中有关程序设计语言的概念性内容（如语法规则、常量变量、数据类型、表达式、运算符、控制结构、数组、函数、指针、文件、链表、结构体、类与对象等），并能够根据考核的不同要求，做出正确的表述、选择和判断。

领会（Ⅱ）：要求考生能够领悟各种数据类型及其控制结构是如何在计算机内部实现的，能够阅读相关的代码或程序段；理解如何利用各种数据类型的性质和特点以及控制结构来解决不同问题；掌握基本算法的实现过程；在此基础上根据考核的不同要求，做出正确的推断、描述和解释。

简单应用（Ⅲ）：要求考生根据已知的知识，能够读懂给定的程序，分析算法，并在此基础上写出程序运行结果，填写空白语句等。

综合应用（Ⅳ）：要求考生在面对具体、实际的问题时，能够设计算法并编写程序解决问题。要求考生在程序设计过程中，充分利用本课程中介绍的各种常用算法的思想和结论，使程序达到问题中给定的性能要求。

Ⅲ．课程内容与考核要求

第一章　C/C++程序设计入门

一、学习目的与要求

本章的学习目的是要求考生理解程序、软件、程序设计语言的概念；理解 C 语言以及 C++语言的特点及关系；掌握 Visual Studio C++开发环境的下载、安装；初步掌握编写 C/C++控制台应用程序的编辑、编译、运行；了解程序调试的错误类型；了解 C/C++程序的框架结构组成；了解基本语法要素。

二、课程内容

1、程序和软件
2、程序设计语言
3、C/C++简介
4、C/C++语言集成开发环境
5、编写 C 语言程序
6、编写 C++语言程序
7、C++程序框架
习题一
实验一　C/C++入门

三、考核知识点与考核要求

1、程序、软件和程序设计语言的基本知识
　　识记：程序和软件的概念；程序设计语言的分类；高级语言的分类。
2、C/C++语言及 C/C++语言集成开发环境
　　识记：C/C++语言的关系和不同；开发环境 VS 2022 的安装以及使用。
3、编写 C/C++源程序
　　识记：C/C++源程序的编辑、编译和运行；C++源程序的框架结构。

四、本章重点、难点

重点：C++程序结构；C++程序的编辑、编译和运行。
难点：C++程序的调试。

第二章　程序中的数据表示

一、学习目的与要求

本章的学习目的是要求考生了解数据类型的分类；掌握整型、浮点型、字符型和布尔型的特点、类型名称以及数值范围；理解常量的概念和类型，掌握常量的数据表示形式；理解变量的概念，掌握变量的定义、初始化和变量的赋值方法；掌握标识符的命名规则；掌握符号常量和常变量的用法和区别。

二、课程内容

1、数据类型
2、常量
3、变量
习题二
实验二　程序中的数据表示

三、考核知识点与考核要求

1、数据类型
　　识记：数据类型的分类；整型的分类、类型名称；浮点型的分类、类型名称；字符型的类型名称；布尔型的类型名称和取值。
2、常量
　　识记：常量的概念和分类；符号常量和常变量的区别；字符和字符串的区别；字面常量的数据表示形式。
　　综合应用：常量的表示形式；符号常量定义方法。
3、变量
　　识记：变量的概念；标识符的命名规则；符号常量和常变量的区别。
　　综合应用：变量的定义、初始化和赋值；符号常量和常变量的定义及使用方法。

四、本章重点、难点

重点：常量和变量的概念；整型、浮点型、字符型和布尔型的定义、初始化及赋值；符号常量和常变量的不同用法；字符和字符串的区别。
难点：在程序设计中正确使用常量和变量。

第三章　运算符和表达式

一、学习目的与要求

本章的学习目的是要求考生理解运算符和表达式的基本概念；掌握常用运算符的特点、

运算结果、优先级和结合性；掌握表达式的书写规则，能正确运用各种运算符构成表达式；掌握不同数据类型进行混合运算时，数据类型之间的转换方法和原则。

二、课程内容

1、运算符和表达式
2、算术运算符
3、关系运算符
4、逻辑运算符
5、赋值运算符
6、条件运算符和逗号运算符
7、运算符优先级
8、类型转换运算
习题三
实验三　运算符和表达式

三、考核知识点与考核要求

1、运算符
　　识记：常用运算符的特点；运算规则、运算优先级。
　　综合应用：常用运算符在表达式中的正确使用。
2、表达式
　　识记：表达式的书写规则。
　　综合应用：表达式的正确书写。
3、数据类型的转换
　　识记：隐式类型转换和显式类型转换。

四、本章重点、难点

重点：常用运算符的使用方法和运算符的优先级；表达式的正确写法。
难点：自加自减运算符；数据类型的转换；运算符的混合使用。

第四章　顺序结构

一、学习目的与要求

本章的学习目的是要求考生掌握语句的分类和语句的写法；掌握注释语句的用法；掌握数据的输入和数据的输出；掌握顺序结构程序设计，利用顺序结构编写程序解决简单问题。

二、课程内容

1、语句
2、标准输入输出

3、顺序结构

习题四

实验四　顺序结构

三、考核知识点与考核要求

1、语句

　　识记：语句的分类；语句的写法；注释语句的形式。

2、标准输入输出

　　识记：数据输入 cin 的语法格式；数据输出 cout 的语法格式。

　　综合应用：数据输入 cin 的用法；数据输出 cout 的用法。

3、顺序结构

　　综合应用：利用顺序结构编写程序。

四、本章重点、难点

重点：标准输入输出 cin 和 cout 的用法。

难点：利用顺序结构编写程序解决问题。

第五章　选 择 结 构

一、学习目的与要求

本章的学习目的是要求考生理解程序设计中选择结构的应用；掌握单分支 if 语句的使用；熟练掌握双分支 if 语句的使用；熟练掌握多分支 if 语句的使用；掌握 switch 语句的使用；理解条件运算符的使用。

二、课程内容

1、if 语句

2、switch 语句

3、条件运算符

习题五

实验五　选择结构

三、考核知识点与考核要求

1、if 语句

　　简单应用：单分支 if 语句的格式和说明；单分支 if 语句的执行过程；if 语句的嵌套。

　　综合应用：双分支 if 语句的格式和说明；双分支 if 语句的执行过程；多分支 if 语句的格式和说明；多分支 if 语句的执行过程；多分支 if 语句的使用说明。

2、switch 语句

　　识记：switch 语句的嵌套。

领会：switch 语句的格式和说明；switch 语句的执行过程；switch 语句的使用说明。
3、条件运算符
　　领会：条件运算符的格式；条件运算符的执行过程。

四、本章重点、难点

重点：双分支 if 语句的使用；多分支 if 语句的使用。
难点：if 语句的嵌套；switch 语句的使用。

第六章　循 环 结 构

一、学习目的与要求

本章的学习目的是要求考生理解程序设计中循环结构的应用；熟练掌握 while 语句的使用；掌握 do-while 语句的使用；熟练掌握 for 语句的使用；熟练掌握 break 语句的使用；理解 continue 语句的使用。

二、课程内容

1、while 语句
2、do-while 语句
3、for 语句
4、循环嵌套
5、break 语句和 continue 语句
习题六
实验六　循环结构

三、考核知识点与考核要求

1、while 语句
　　领会：while 语句的循环条件。
　　综合应用：while 语句的格式；while 语句的执行过程；while 语句的说明。
2、do-while 语句
　　识记：do-while 语句和 while 语句的区别。
　　领会：do-while 语句的格式；do-while 语句的执行过程；do-while 语句的说明。
3、for 语句
　　领会：for 语句的表达式使用。
　　综合应用：for 语句的格式；for 语句的执行过程；for 语句的说明；数列计算的方法。
4、循环嵌套
　　识记：循环嵌套的含义；do-while 语句的循环嵌套的格式。
　　领会：循环嵌套的使用说明。

综合应用：for 语句和 while 语句的循环嵌套的格式；for 语句和 while 语句的循环嵌套的执行过程；穷举法算法。
5、break 语句和 continue 语句
识记：continue 语句的使用方法。
领会：continue 语句的作用。
综合应用：break 语句的作用；break 语句的使用方法；判断素数的方法。

四、本章重点、难点

重点：while 语句的使用；for 语句的使用；循环嵌套；break 语句的使用。
难点：循环嵌套；break 语句的使用。

第七章　数　　组

一、学习目的与要求

本章的学习目的是要求考生理解数组、维数、下标等概念；熟练掌握一维数组的定义、初始化和赋值；熟练掌握一维数组的数组元素的引用方法；掌握一些利用一维数组解决问题的算法，比如数据计算、数据查找、数据统计、数据排序、数据遍历等。掌握二维数组的定义、初始化和赋值；掌握二维数组的数组元素的引用方法；了解一些利用二维数组解决问题的算法，比如数据遍历、矩阵计算、杨辉三角形等。

二、课程内容

1、一维数组
2、一维数组的应用
3、二维数组
4、二维数组的应用
习题七
实验七　数组

三、考核知识点与考核要求

1、一维数组
识记：数组的概念；数组的定义。
领会：一维数组的定义、引用、初始化和赋值。
综合应用：掌握数据计算、数据统计、数据查找、冒泡排序、最值等应用算法。
2、二维数组
识记：二维数组的概念。
领会：二维数组的定义、初始化和赋值。

四、本章重点、难点

重点：一维数组的定义、初始化和引用；常用算法。

难点：一维数据的应用；二维数组的定义、初始化和赋值。

第八章 字 符 串

一、学习目的与要求

本章的学习目的是要求考生理解字符串的两种处理方法：字符数组和字符串类。理解字符串、字符数组、字符串类之间的区别和关系。

用字符数组存储和处理字符串。要求熟练掌握字符数组的定义、初始化、赋值、引用以及输入输出；了解字符串的处理函数。

用字符串类存储和处理字符串。要求熟练掌握字符串变量的定义、赋值、初始化、引用和输入输出；了解字符串变量的连接、复制、查找、插入、删除、获取长度等操作。

二、课程内容

1、字符数组
2、字符串的应用（1）
3、字符串类
4、字符串的应用（2）
习题八
实验八 字符串

三、考核知识点与考核要求

1、字符数组
　　识记：字符数组的概念；字符数组存储字符和字符串的区别。
　　领会：字符数组的定义、初始化、赋值和引用、输入输出；字符串的处理函数。
　　综合应用：字符数组的定义、初始化、赋值和引用、输入输出；字符串的处理函数；掌握字符串统计、查找、加密等算法。
2、字符串类
　　识记：字符串类的概念。
　　领会：字符串变量的定义、初始化、赋值；字符串变量的输入输出；字符串变量的常用操作。
　　综合应用：字符串变量的定义、初始化、赋值；字符串变量的输入输出；字符串变量的常用操作；利用字符串类完成字符串的处理。

四、本章重点、难点

重点：字符数组处理字符串的方法；字符串类处理字符串的方法。
难点：字符串的统计、查找、排序、删除、插入、加密等算法应用。

第九章 函 数

一、学习目的与要求

本章的学习目的是要求考生理解函数的概念、函数的作用；熟练掌握函数的定义、调用和声明；掌握实参、形参和返回值的概念以及应用；掌握参数的三种传递方式；要求考生掌握嵌套调用及递归调用的概念及简单用法。

二、课程内容

1、函数的概念
2、函数的定义
3、函数的调用
4、函数的声明
5、参数传递
6、嵌套调用和递归调用
7、函数重载和函数模板（扩展阅读，不作为考试内容）
8、变量的作用域和生存期（扩展阅读，不作为考试内容）
习题九
实验九　函数

三、考核知识点与考核要求

1、函数的概念
　　识记：函数的概念；函数的作用；函数的分类。
2、函数的定义
　　识记：函数定义格式；返回值类型；函数名；形参列表；函数体；return 语句；函数定义的常见样式。
　　简单应用：函数的定义。
3、函数的调用
　　识记：函数调用的形式；实参和形参的类型、个数的匹配。
　　简单应用：函数的调用。
4、函数的声明
　　识记：函数的声明形式；函数声明的原则。
　　简单应用：函数的声明。
5、参数传递
　　识记：参数传递的概念；传值调用；传址调用；引用调用。
　　简单应用：形参和实参的正确使用。
6、嵌套调用和递归调用
　　识记：嵌套调用的概念；递归调用的概念。

四、本章重点、难点

重点：函数的定义和调用；函数的声明；参数的传递。
难点：嵌套调用和递归调用。

第十章 指 针

一、学习目的与要求

本章的学习目的是要求考生理解指针和指针变量的概念；熟练掌握指针变量的定义和初始化；熟练掌握指针变量相关运算符的使用；熟练掌握指向一维数组元素的指针变量的定义、赋值和访问；熟练掌握指向字符串的指针变量的定义、赋值和访问；熟练掌握指针变量作为函数参数的使用；掌握指针函数的定义和使用。

二、课程内容

1、指针和指针变量
2、指针和数组
3、指针和字符串
4、指针和函数（其中函数指针变量为扩展阅读，不作为考试内容）
习题十
实验十 指针

三、考核知识点与考核要求

1、指针和指针变量
  识记：指针变量的加法、减法、关系运算；直接引用和间接引用的概念。
  领会：地址和指针的概念；指针说明符和指针运算符的区别。
  综合应用：指针变量的定义格式；指针变量相关运算符 & 和 *；指针变量初始化的方法。
2、指针和数组
  识记：访问数组元素的两种方法。
  简单应用：指向一维数组元素的指针变量的定义；指向一维数组元素的指针变量的赋值；使用指针访问数组元素的三种不同形式。
3、指针和字符串
  领会：字符指针变量指向字符串的方法；通过字符指针变量访问字符串常量的字符的方法。
  简单应用：字符指针变量指向字符数组的方法；通过字符指针变量访问字符数组元素的方法；使用指针访问字符串的字符的三种不同形式。
4、指针和函数
  识记：数组名或指针变量作为函数参数的四种情况。

领会：指针函数的定义和使用。

简单应用：指向普通变量的指针变量作为函数参数的使用；指向数组元素的指针变量作为函数参数的使用。

四、本章重点、难点

重点：指针变量的定义和初始化；指向数组元素的指针变量的定义、赋值和访问；指针变量作为函数参数的使用。

难点：指针变量作为函数参数的使用。

第十一章 结 构 体

一、学习目的与要求

本章的学习目的是要求考生理解结构体类型的概念；熟练掌握结构体类型的定义；熟练掌握结构体变量的定义、初始化和使用；熟练掌握结构体数组的定义、初始化和使用；掌握结构体指针变量的定义；掌握通过指针变量访问结构体变量的成员；掌握通过指针变量访问结构体数组元素；理解结构体指针变量作为函数参数的使用。

二、课程内容

1、结构体类型
2、结构体变量
3、结构体数组
4、结构体指针变量
习题十一
实验十一　结构体

三、考核知识点与考核要求

1、结构体类型
领会：结构体类型的概念；结构体成员的概念、命名和类型。
综合应用：结构体类型的定义格式。

2、结构体变量
识记：相同类型结构体变量之间的整体赋值。
综合应用：定义结构体变量的三种方法；结构体变量的初始化；结构体变量成员的表示形式和使用。

3、结构体数组
识记：相同类型结构体数组元素之间的整体赋值。
简单应用：定义结构体数组的三种方法；结构体数组的初始化；结构体数组元素成员的使用。

4、结构体指针变量

领会：通过指针变量访问结构体变量的成员的三种形式；结构体指针变量作为函数参数的使用。

简单应用：结构体指针变量的定义格式；通过指针变量访问结构体变量的成员；通过指针变量访问结构体数组元素。

四、本章重点、难点

重点：结构体类型的定义；结构体变量的定义、初始化和使用；结构体数组的定义、初始化和使用。

难点：结构体指针变量作为函数参数的使用。

第十二章 链　　表

一、学习目的与要求

本章的学习目的是要求考生理解链表和数组的区别；理解链表组成元素的概念；掌握链表节点的定义；掌握运算符 new 和 delete 的使用。

二、课程内容

1、链表概述
2、建立链表（扩展阅读，不作为考试内容）
3、插入节点（扩展阅读，不作为考试内容）
4、删除节点（扩展阅读，不作为考试内容）
习题十二
实验十二　链表

三、考核知识点与考核要求

链表概述

领会：链表和数组的区别；链表的组成元素。

简单应用：链表节点的定义格式；运算符 new 和 delete。

四、本章重点、难点

重点：链表节点的定义格式；运算符 new 和 delete。

难点：链表节点的定义格式。

第十三章 文　　件

一、学习目的与要求

本章的学习目的是要求考生理解文件的概念；了解文件的分类；理解 FILE 结构体类型

的概念；熟练掌握文件指针变量的使用；熟练掌握 fopen 函数的使用；熟练掌握 fclose 函数的使用；熟练掌握字符读写函数的使用；熟练掌握字符串读写函数的使用；熟练掌握数据块读写函数的使用；掌握文件定位函数的使用。

二、课程内容

1、文件概述
2、文件的打开与关闭
3、文件的读写
习题十三
实验十三　文件

三、考核知识点与考核要求

1、文件概述
　　识记：文件的分类。
　　领会：文件的概念。
2、文件的打开与关闭
　　领会：FILE 结构体类型的概念；打开文件的含义；fopen 函数的格式；关闭文件的含义。
　　综合应用：文件指针变量的定义；fopen 函数的参数说明；fopen 函数的使用；fclose 函数的使用。
3、文件的读写
　　识记：文件读写方式分类。
　　领会：文件内部位置指针的含义。
　　简单应用：字符读取函数 fgetc 的格式、参数和使用；字符写入函数 fputc 的格式、参数和使用；字符串读取函数 fgets 的格式、参数和使用；字符串写入函数 fputs 的格式、参数和使用；数据块读取函数 fread 的格式、参数和使用；数据块写入函数 fwrite 的格式、参数和使用；rewind 函数的格式、参数和使用；fseek 函数的格式、参数和使用。

四、本章重点、难点

重点：字符读取函数 fgetc 的格式、参数和使用；字符写入函数 fputc 的格式、参数和使用；字符串读取函数 fgets 的格式、参数和使用；字符串写入函数 fputs 的格式、参数和使用；数据块读取函数 fread 的格式、参数和使用；数据块写入函数 fwrite 的格式、参数和使用。

难点：数据块读取函数 fread 的格式、参数和使用；数据块写入函数 fwrite 的格式、参数和使用。

第十四章　类 和 对 象

一、学习目的与要求

本章的学习目的是要求考生理解面向对象和面向过程两种程序设计思想的特点；理解类和对象的概念；掌握类的定义；掌握类成员的访问权限；掌握成员函数的定义；掌握对象的定义；对象的访问；了解构造函数和析构函数的特点，了解构造函数和析构函数的作用，了解构造函数和析构函数的定义和使用方法。

二、课程内容

1、类
2、对象
3、构造函数和析构函数
习题十四
实验十四　类和对象

三、考核知识点与考核要求

1、类
　　识记：抽象和类的概念；数据成员和成员函数的概念；类成员访问权限。
　　领会：类的定义；成员函数的定义。
2、对象
　　识记：对象的概念；类和对象的关系。
　　领会：对象的定义；对象的访问。
3、构造函数和析构函数
　　识记：构造函数的作用、形式、调用；默认构造函数；析构函数的作用、形式、调用；默认析构函数。

四、本章重点、难点

重点：掌握类的定义；成员函数的定义；对象的定义和访问。
难点：成员函数的定义；构造函数和析构函数的使用方法。

第十五章　继承与多态

一、学习目的与要求

本章的学习目的是要求考生理解继承与派生的概念；掌握派生类的定义方法；理解派生类的继承特性并会简单应用。理解多态的概念；理解虚函数的概念；了解虚函数对实现运行时多态的作用；掌握虚函数的声明和使用方法；理解纯虚函数和抽象类的概念。

二、课程内容

1、继承
2、多态（扩展阅读，不作为考试内容）
习题十五
实验十五　继承与多态

三、考核知识点与考核要求

继承
识记：继承与派生的概念；子类与父类的关系；子类的定义；父类的公有继承方式；子类对父类的访问权限。

四、本章重点、难点

重点：继承与派生的概念；子类的定义。
难点：子类的定义；公有继承方式下，子类对父类的访问。

Ⅳ．关于大纲的说明与考核实施要求

一、自学考试大纲的目的和作用

课程自学考试大纲是根据专业自学考试计划的要求，结合自学考试的特点而确定。其目的是对个人自学、社会助学和课程考试命题进行指导和规定。

本课程自学考试大纲明确了课程学习的内容以及深度和广度，规定了课程自学考试的范围和标准。因此，它是编写本课程自学考试教材和辅导书的依据，是社会助学组织进行自学辅导的依据，是自学者学习教材、掌握课程内容知识范围和程度的依据，也是进行自学考试命题的依据。

二、课程自学考试大纲与教材的关系

课程自学考试大纲是进行学习和考核的依据，教材是学习掌握课程知识的基本内容与范围，教材的内容是大纲所规定的课程知识和内容的扩展与发挥。课程内容在教材中可以体现一定的深度或难度，但在大纲中对考核的要求一定要适当。

大纲与教材所体现的课程内容应基本一致，大纲里面的课程内容和考核知识点，教材里一般也要有。反过来教材里有的内容，大纲里就不一定会体现。如果教材是推荐选用的，其中有的内容与大纲要求不一致的地方，应以大纲规定为准。

三、关于自学教材

《计算机程序设计基础》，全国高等教育自学考试指导委员会组编，孙践知、肖媛媛、张迎新编著，机械工业出版社出版，2024年版。

四、关于自学要求和自学方法的指导

本大纲的课程基本要求是依据专业基本规范和专业培养目标而确定的。课程基本要求还明确了课程的基本内容，以及对基本内容掌握的程度。基本要求中的知识点构成了课程内容的主体部分。因此，课程基本内容掌握程度、课程考核知识点是高等教育自学考试考核的主要内容。

为有效地指导个人自学和社会助学，本大纲已指明了课程的重点和难点，在章节的基本要求中一般也指明了章节内容的重点和难点。

本课程共5学分，其中包括2学分实践环节。

五、对考核内容的说明

（1）课程中各章的内容均由若干知识点组成，在自学考试命题中，知识点就是考核点。因此，课程自学考试大纲中所规定的考核内容是以分解为考核知识点的形式给出的。因各知识点在课程中的地位、作用以及知识自身的特点不同，自学考试将对各知识点分别按四个认知层次确定其考核要求（认知层次的具体描述请参看Ⅱ考核目标）。

（2）按照重要性程度不同，考核内容分为重点内容和一般内容。为有效地指导个人自学和社会助学，本大纲已指明了课程的重点和难点。在本课程试卷中重点内容所占分值一般不少于60%。

六、关于考试方式和试卷结构的说明

（1）本课程的考试方式为闭卷，笔试，满分100分，60分及格。考试时间为150分钟。

（2）本课程在试卷中对不同能力层次要求的分数比例大致为：识记占20%，领会占30%，简单应用占30%，综合应用占20%。

（3）要合理安排试题的难易程度，试题的难度可分为：易、较易、较难和难四个等级。必须注意试题的难易程度与能力层次有一定的联系，但二者不是等同的概念。在各个能力层次中对于不同的考生都存在着不同的难度。在大纲中要特别强调这个问题，应告诫考生切勿混淆。

（4）课程考试命题的主要题型一般有单项选择题、填空题、程序填空题、程序阅读题、程序设计题等。

在命题工作中必须按照本课程大纲中所规定的题型命制，考试试卷使用的题型可以略少，但不能超出本课程对题型的规定。

V. 题型举例

一、单项选择题

1、通过 cin 语句为多个变量输入数据时，分隔多个数据不能用　　（　　）
   A. 逗号　　　　　　　　　　B. 回车
   C. 制表符　　　　　　　　　D. 空格
2、在下列成对的表达式中，运算结果类型相同的一对是　　　　（　　）
   A. 7.0/2.0 和 7.0/2　　　　B. 5/2.0 和 5/2
   C. 7.0/2 和 7/2　　　　　　D. 8/2 和 6.0/2.0
3、所谓数据封装就是将一组数据和与这组数据有关操作组装在一起，形成一个实体，这个实体就是　　　　　　　　　　　　　　　　　　　　　　（　　）
   A. 函数体　　　　　　　　　B. 对象
   C. 类　　　　　　　　　　　D. 数据块
4、对数组名作函数的参数，下面描述正确的是　　　　　　　　（　　）
   A. 数组名作函数的参数，调用时将实参数组复制给形参数组
   B. 数组名作函数的参数，实参和形参公用一段存储单元
   C. 数组名作参数时，形参定义的数组长度不能省略
   D. 数组名作参数，不能改变主调函数中的数据
5、函数返回值类型的定义可以缺省，此时函数返回值的隐含类型是（　　）
   A. void　　　　　　　　　　B. int
   C. float　　　　　　　　　 D. double

二、填空题

1、当执行 cout 语句输出 endl 数据项时，将使 C++显示输出屏幕上的光标从当前位置移动到_____的开始位置。
2、在 C++中，声明布尔类型变量所用的关键字是_____。
3、所有在函数中定义的变量，连同形式参数，都是_____。
4、构造函数和析构函数都是默认的_____。
5、写一个表达式，表示一个整数 n 既是奇数又是 3 的倍数_____。

三、程序填空题

1、程序的输出结果为：hello:third

```
#include <iostream>
using namespace std;
int main( )
```

```cpp
{
    int x = 3, y = 3;
    string s1 = "first\n", s2 = "second\n", s3 = "third\n";
    switch (x % 2)
    {
        case 1: _____
        {
            case 0: cout << s1;
            case 1: cout << s2; break;
            default: cout << "hello:";
        }
        case 2: _____
    }
    return 0;
}
```

2、函数 Convert( ) 将一个数字字符串转换为对应的整数。

```cpp
#include <iostream>
using namespace std;
int Convert(char s[]);
int main()
{
    char s[10] = "12345";
    int n = _____;
    cout << n << endl;
    return 0;
}
_____
{
    int num = 0, digit;
    for (int i = 0; i < strlen(str); i++)
    {
        digit = s[i] - 48;
        num = num * 10 + digit;
    }
    return num;
}
```

3、计算三个学生的总分，使用结构体数组 stu 实现。

```cpp
#include <iostream>
using namespace std;
```

```
int main( )
{
    struct student
    {
        int num;
        float score;
    };
    _____ = { { 23010102,82.5 } ,{ 23010103,71 },{ 23010105,90 } };
    float total = 0;
    int i;
    for ( i = 0;i < 3;i++)
    {
        total = total + _____;
    }
    cout << "总分是:" << total << endl;
    return 0;
}
```

4、从文件读取最后 10 个字节的信息输出。

```
#define _CRT_SECURE_NO_WARNINGS
#include <iostream>
using namespace std;
int main( )
{
    FILE * fp;
    char str[15];
    fp = fopen("d:\\data.txt" , "rb");
    fseek(_____);
    fgets(_____);
    cout << str;
    fclose(fp);
    return 0;
}
```

四、程序阅读题

1、下面程序的运行结果是_____。

```
#include <iostream>
using namespace std;
int main( )
{
```

```
int m, i, c = 0;
for (m = 2;m <= 20;m = m + 1)
{
    for (i = 2;i < m;i++)
        if (m % i == 0)
            break;
    if (i >= m)
        c = c + 1;
}
cout << c << endl;
return 0;
}
```

2、有如下函数：

```
void A(int num, int base)
{
    if (num > 0)
    {
        A(num / base, base);
        cout << num % base;
    }
}
```

函数调用 A(103, 2)的输出结果为_____。

3、从键盘输入数据：1 2 3 4 5 10 8 7 9 6，下面程序的运行结果是_____。

```
#include <iostream>
using namespace std;
int fun(int a[ ])
{
    int i,m=0;
    for (i = 0; i < 10; i++)
    {
        if (a[i] > a[m])
            m = i;
    }
    return m;
}
int main( )
{
    int a[10],i;
    for (i = 0; i < 10; i++)
```

```
            cin >> a[i];
        cout << fun(a);
        return 0;
    }
```

4、下面程序的运行结果是_____。

```
#include <iostream>
using namespace std;
int main( )
{
    char str[20] = "computer";
    int len;
    len = strlen(str);
    char * p = &str[len - 1];
    while (p >= str)
    {
        cout << *p;
        p--;
    }
    cout << endl;
    return 0;
}
```

五、程序设计题

1、输入一个分数，将其转换为成绩评价等级输出，80~100 分为 A，60~79 分为 B，0~59 分为 C，当输入分数不在[0,100]范围内时，输出提示信息"输入错误"。

2、输入两个数 m 和 n，剧院内共有观众 m 人，其中一部分人买 A 类票，每张 80 元，另一部分人买 B 类票，每张 30 元。A 类票收入比 B 类票多 n 元。计算买 A 类票的人数并输出。

3、编写一函数，判别一个自然数 n 是否是降序数，同时求出各位数和。函数加以调用，若是降序数，输出"yes"；否则，输出"no"。

4、输入两个数 a 和 b，按照先 a 后 b 的顺序输出，并且数值从大到小排列。要求使用指针变量完成。

5、输入一个数 n，将如下数列：1、1/4、1/9、1/16…，前 n 项的值追加到文件 d:\\data.txt 中，每个值保留 3 位小数。如果文件不能打开，要输出错误提示。

Ⅵ. 参考答案

一、单项选择题

1、A 2、A 3、C 4、B 5、A

二、填空题

1、下一行
2、bool
3、局部变量
4、成员函数
5、n%2!=0 && n%3==0

三、程序填空题

1、（1）switch(y)
　　（2）cout << s3 << endl;
2、（1）Convert(s)
　　（2）int Convert(char s[])
3、（1）student stu[3]
　　（2）stu[i].score;
4、（1）fp, -10L, 2
　　（2）str, 11, fp

四、程序阅读题

1、8
2、1100111
3、5
4、retupmoc

五、程序设计题

1、参考答案

```
#include <iostream>
using namespace std;
int main()
{
    int s;
```

```cpp
        cout << "请输入一个分数:";
        cin >> s;
        if (s >= 80 && s <= 100)
            cout << 'A' << endl;
        else if (s >= 60 && s <= 79)
            cout << 'B' << endl;
        else if (s >= 0 && s <= 59)
            cout << 'C' << endl;
        else
            cout << "输入错误" << endl;
        return 0;
}
```

2、参考答案

```cpp
        #include <iostream>
        using namespace std;
        int main()
        {
            int a, b, m, n;
            cout << "请输入m和n的值:";
            cin >> m >> n;
            for (a = 0;a <= m;a++)
                for (b = 0;b <= m;b++)
                    if (a + b == m && a * 80 == b * 30 + n)
                        cout << a << endl;
            return 0;
        }
```

3、参考答案

```cpp
        #include<iostream>
        using namespace std;
        bool isDescending(int n, int& s)
        {
            int x = n, flag = 1;
            while (n > 0)//求各位数的和
            {
                s = s + n % 10;
                n = n / 10;
            }
            while (x >= 10 && flag == 1)
            {
```

```
            if (x % 10 > x / 10 % 10)
                return 0;
            else
                x = x / 10;
        }
        return flag;
    }
    int main( )
    {
        int n, s = 0;
        cout << "请输入一个自然数:";
        cin >> n;
        if (isDescending(n, s))
            cout << n << "是降序数" << endl;
        else
            cout << n << "不是降序数" << endl;
        cout << "各位数之和=" << s << endl;
        return 0;
    }
```

4、参考答案

```
    #include <iostream>
    using namespace std;
    int main( )
    {
        int a, b, t, * p1, * p2;
        cout << "请输入两个数:";
        cin >> a >> b;
        p1 = &a;
        p2 = &b;
        if (a < b)
        {
            t = * p1;
            * p1 = * p2;
            * p2 = t;
        }
        cout << "按大小顺序输出:" << a << ',' << b << endl;
        return 0;
    }
```

5、参考答案

```
    #define _CRT_SECURE_NO_WARNINGS
```

```cpp
#include <iostream>
using namespace std;
int main()
{
    FILE * fp;
    int i, n;
    float s;
    fp = fopen("d:\\data.txt", "a");
    if (fp ==nullptr)
    {
        cout << "文件打开错误" << endl;
        exit(0);
    }
    cout << "输入n的值:" << endl;
    cin >>n;
    for (i = 1;i <= n;i++)
    {
        s = 1.0 / (i * i);
        fprintf(fp, "%.3f ", s);
    }
    fclose(fp);
    return 0;
}
```

后　　记

　　《计算机程序设计基础自学考试大纲》是根据《高等教育自学考试专业基本规范（2021年)》的要求，由全国高等教育自学考试指导委员会电子、电工与信息类专业委员会组织制定的。

　　全国考委电子、电工与信息类专业委员会对本大纲组织审稿，根据审稿会意见由编者做了修改，最后由电子、电工与信息类专业委员会定稿。

　　本大纲由北京工商大学孙践知教授、肖媛媛老师、张迎新老师共同编写；参加审稿并提出修改意见的有上海师范大学李鲁群教授、上海交通大学任庆生副教授。

　　对参与本大纲编写和审稿的各位专家表示感谢。

全国高等教育自学考试指导委员会
电子、电工与信息类专业委员会
2023 年 12 月

全国高等教育自学考试指定教材

计算机程序设计基础

全国高等教育自学考试指导委员会　组编

编者的话

本书是根据全国高等教育自学考试指导委员会最新制定的《计算机程序设计基础自学考试大纲》编写的自学考试教材。

计算机程序设计基础是计算机应用技术、计算机网络技术、软件技术等专科专业的专业基础课程。通过本课程的学习，考生能够掌握程序设计的基础知识，熟悉程序设计开发环境，了解面向对象程序设计的基本方法，具备使用软件开发工具进行简单应用的编程能力。针对课程的性质和实际的需求，本书对 C 和 C++的相关内容进行了融合，使得考生能够扎实掌握程序设计所需的基础知识，同时对面向对象的方法有一定体会。

程序设计是强实践性的课程，本书缩减了关于理论知识细节的介绍，提供了大量实例程序，力求通过程序的设计调试，帮助考生掌握程序设计的基本流程，提高解决问题的能力。

本书共十五章，第一章到第十三章主要介绍了 C/C++开发环境和基本语法规则、数据表示和运算符、三种基本程序结构、数组和字符串、函数、指针、结构体和链表、文件的概念及使用方法，第十四章和第十五章介绍了类和对象、继承与多态等面向对象的概念。

建议本书的学时为 90 学时，其中理论知识为 54 学时，上机实践为 36 学时。

为便于考生进行自学，本书在每章开始列出了学习目标，在每章结尾列出了本章小结，方便考生学习时抓住重点。本书在内容上连贯有序、循序渐进，力求贴近实际应用，叙述简明严谨，既便于考生自学，也便于教学。

本书第一、二章由孙践知编写，第三、四、七、八、九、十四、十五章由张迎新编写，第五、六、十、十一、十二、十三章由肖媛媛编写，孙践知完成全书统稿。

由于编者水平所限，书中难免存在错误和不妥之处，请读者批评指正。

编　者

2023 年 12 月

第一章　C/C++程序设计入门

学习目标：

1、理解软件、程序、程序设计语言的概念；理解 C 语言以及 C++语言的特点及关系。
2、掌握 Visual Studio C++开发环境的下载、安装。
3、初步掌握编写 C/C++控制台应用程序的编辑、编译、运行的过程。
4、了解 C/C++程序的框架结构组成；了解基本语法要素。

建议学时：1 学时

教师导读：

1、本章要求考生掌握程序、程序设计语言和 C/C++源程序的相关知识。
2、要求考生熟悉 C++的开发环境，能在开发环境中编写简单的程序。

第一节　程序和软件

现代人的生活很大程度上依赖着无处不在的计算机和手机。在计算机上通过浏览器查阅电子邮件、搜索信息、娱乐游戏；在智能手机上安装各种 APP（手机软件，也称应用程序），足不出户便可滴滴打车、12306 订票、淘宝京东购物、大众点评订餐、出行地图导航。软件正在"吞噬"着这个世界，人们的衣食住行、学习工作正在改变。

一、程序

程序是用某种计算机语言编写的一组指示计算机进行数据处理的指令序列。为了让计算机解决特定问题，需要告诉计算机如何做，即解决问题的方法和步骤，这就是编写程序。

程序由程序员编写，最后由计算机执行。

二、软件

如果计算机硬件是基础，那么计算机软件便是核心。软件是指程序、程序运行所需要的数据以及开发、使用和维护这些程序所需要的文档的集合。例如，一个软件包括可执行文件（*.exe）、图片（*.bmp 等）、音效（*.wav 等）等文件，那么这个可执行文件（*.exe）称作"程序"，而它与图片、音效等在一起合称"软件"。软件是程序以及相关文档与数据的总称，而程序只是软件的一部分。

生活和学习中，可以用软件与计算机发生交互。例如，用 Office 办公软件完成论文的编写、电子表格数据计算、演示文稿的制作；用 Photoshop 完成图像的处理；用腾讯会议开线上会议；用腾讯课堂跨越平台和地域在线教学。使用这些现成的、成熟的软件非常方便，软件功能满足了用户的大部分需求。

但是有时候，如果想让计算机做一些满足个体想法的事情，就需要编写程序。比如，编写一个课堂随机点名程序；搭建一个个人网站；为公司开发一个移动应用；开发一款和朋友们一起娱乐的游戏；获取网站商铺数据等。

参与程序开发的人员统称为程序开发人员，或者简称为程序员。编写程序不仅考验程序员的体力、耐力和意志力，而且还需要程序员的智力、想象力和创造力。

第二节　程序设计语言

计算机科学技术的先驱者们开发了很多在计算机上可以使用的语言。人们可以按照语言的语法规则，通过编写一条一条的代码，让计算机为自己工作。这些语言称之为程序设计语言，也叫编程语言。

一、程序设计语言概述

程序设计语言是用来编写计算机程序的工具。按照发展历程，大致分为机器语言、汇编语言、高级语言三个阶段。

1、机器语言

机器语言是由二进制0和1组成的、能被计算机直接执行的指令集合。计算机内部只能接受二进制代码，所有的输入和输出，都是由无数个0和1组成的二进制数字经过编码、解码，转换成计算机能识别的机器语言来实现。

在电影《硅谷传奇》中，乔布斯与沃兹创始苹果公司时，使用的就是机器语言，当时的代码直接用0和1来写，极其抽象。

例如，

```
00000100 00001010    ;寄存器 AL 加 10，并且送回 AL 中
10110000 00010000    ;往寄存器 AL 送 16
11110100             ;结束，停机
```

晦涩难懂、不便记忆是机器语言的特点。但是只有机器语言能被计算机直接执行，其他语言编写的程序都需要翻译成机器语言。

2、汇编语言

汇编语言的实质和机器语言是相同的，都是直接对硬件操作，只不过指令采用了英文缩写的标识符，更容易识别和记忆。

例如，

```
MOV AL,10    ;往寄存器 AL 送 16(10H)
ADD AL,0A    ;寄存器 AL 加 10(0AH)，并且送回 AL 中
HLT          ;结束，停机
```

3、高级语言

高级语言形式上接近算术语言和自然语言，易学易用，通用性强，不需要有太多的专业知识，所以是大多数编程者的首选。

例如，

a = 10

高级语言种类繁多，它并不是特指某一种具体的语言，而是包括了很多编程语言，大概有几百种。常用的高级语言主要有：C、Java、Python、C++、PHP、C#、JavaScript、Ruby、Go、Pascal、MATLAB 等，不同的语言有自己的特点和擅长领域。随着计算机的不断发展，有的语言日渐兴盛，有的语言日渐没落，同时新的语言也在不断诞生。

二、高级语言的分类

用高级语言编写的程序称为源程序，不能直接被计算机识别，必须转换为机器语言才能被执行。按转换方式可将高级语言分为两类：编译型语言和解释型语言。

1、编译型语言

在源程序执行之前，就将程序源代码转换成目标程序（即机器语言），生成可执行文件。比如，C、C++、Golang、Pascal 等，这些编程语言称为编译型语言。编译型语言使用的转换工具称为编译器。

编译型语言的特点是编译一次后，脱离了编译器也可以运行，运行效率高。

2、解释型语言

程序源代码一边转换成目标代码，一边执行，不会生成可执行文件。比如，Python、Java、PHP、MATLAB 等，这些编程语言称为解释型语言。解释型语言使用的转换工具称为解释器。

解释型语言的特点是一边转换一边执行，所以运行效率低。

第三节　C/C++简介

C 语言诞生于 1972 年。美国贝尔实验室的丹尼斯·里奇（Dennis MacAlistair Ritchie）在 B 语言的基础上设计出了 C 语言。C 语言已经成为世界流行的、重要的一种编程语言，自诞生至今被广泛应用，一直位列主流编程语言的前列。

C++语言是贝尔实验室的本贾尼·斯特劳斯特卢普（Bjarne Stroustrup）于 20 世纪 80 年代初在 C 语言的基础上开发的。

C 语言和 C++语言的关系如下。

C++是由 C 发展而来的，与 C 兼容。C++保留了 C 语言原有的内容，增加了面向对象的机制。C++既可以用于面向过程的结构化程序设计，又可以用于面向对象的程序设计，是一种混合型的程序设计语言。

本书以 C++为主。学习 C++的过程也是学习 C 的过程。

第四节　C/C++语言集成开发环境

IDE（Integrated Development Environment）称为集成开发环境，它是一个用于程序开发的软件，包括文本编辑器、编译器或解释器、调试器和图形用户界面工具。Visual Studio 2022（简称 VS 2022）是微软开发的一款 IDE，支持多种编程语言 C/C++、Python、C#、

JavaScript 等。VS 2022 可以完成 C/C++ 程序的编写、编译、调试以及运行。

一、下载

首先登录 Visual Studio 官网 https://visualstudio.microsoft.com/zh-hans/downloads/，界面如图 1-1 所示，单击"免费下载"。

图 1-1　VS 2022 下载界面

VS 2022 分为三个版本，分别是：Community 社区版（免费）、Professional 专业版、Enterprise 企业版。对于大部分程序开发，免费的社区版就可以满足需求，推荐使用社区版，无须破解，轻松安装。

单击"免费下载"，下载可执行文件 VisualStudioSetup.exe，如图 1-2 所示。下载完毕后，双击文件进行安装。

图 1-2　下载可执行文件

二、安装

双击文件 VisualStudioSetup.exe，开始安装 VS 2022，如图 1-3 所示。

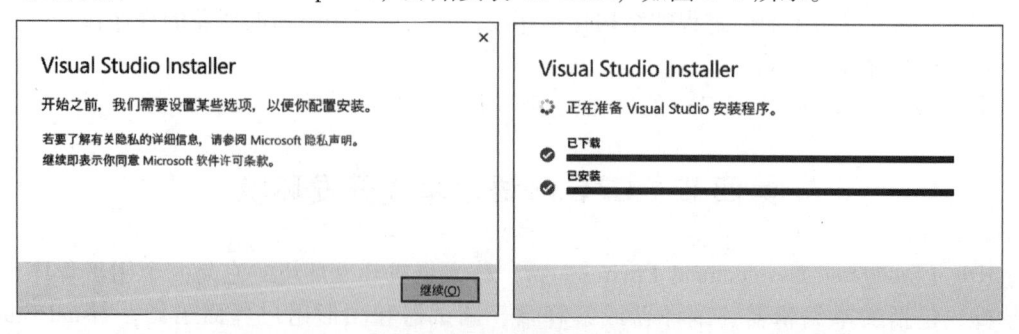

图 1-3　开始安装

单击"继续"。待安装环境准备就绪后，弹出窗口，选择"工作负荷"（即选择所需要的功能），初学 C/C++语言程序设计，只需勾选"使用 C++的桌面开发"。尽量不要勾选其他工作负荷选项，这样可以减少后续下载和安装时间。窗口中的组件、语言包、安装位置等选项，均为默认值。最后单击"安装"按钮开始安装。如图 1-4 所示。

图 1-4　选择安装的模块

安装过程可能需要一段时间，需要耐心等待。如图 1-5 所示。

图 1-5　安装过程

安装成功，如图 1-6 所示，启动 VS 2022 即可编写 C/C++程序。

图 1-6　安装完毕

三、启动 VS 2022

Windows 11 中，单击"开始"按钮，在开始菜单中单击"所有应用"，如图 1-7 所示。

图 1-7　Windows 11 的开始菜单

进入程序列表，找到 Visual Studio 2022，如图 1-8 所示。

图 1-8　程序列表

打开 Visual Studio 2022，提示需要登录。如果有账户直接登录，没有账户暂时跳过此项，如图 1-9 所示。

图 1-9　登录

选择颜色主题，在"颜色主题"列表中，可以选择默认的"深色"主题、"蓝色"主题、"蓝（额外对比度）"主题或"浅色"主题，如图 1-10 所示。

图 1-10　颜色主题

接着 Visual Studio 会做一些准备工作，等待即可。

第五节　编写 C 语言程序

在 VS 2022 中，系统通过项目来管理程序，所以在编写 C/C++语言程序之前，必须创建一个项目。

一、创建项目

在弹出的窗口中，选择"创建新项目"，如图 1-11 所示。

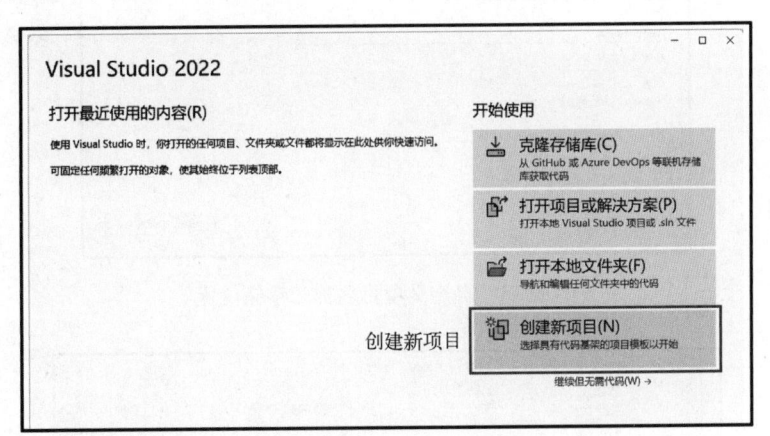

图 1-11　VS 2022 主界面

选择"空项目"，如图 1-12 所示。
设置项目名称以及项目文件夹存放的位置，单击"创建"，如图 1-13 所示。

二、添加源文件

VS 2022 界面包含的窗口：解决方案资源管理器、代码窗口、错误列表。
创建完成后，可以在"解决方案资源管理器"窗口中看到整个项目的组织情况，如图 1-14 所示，创建了一个空项目"ch1-1"。在"源文件"处右击鼠标，弹出的菜单中选择"添加"→"新建项"。

图 1-12　创建空项目

图 1-13　自定义项目名称和存储位置

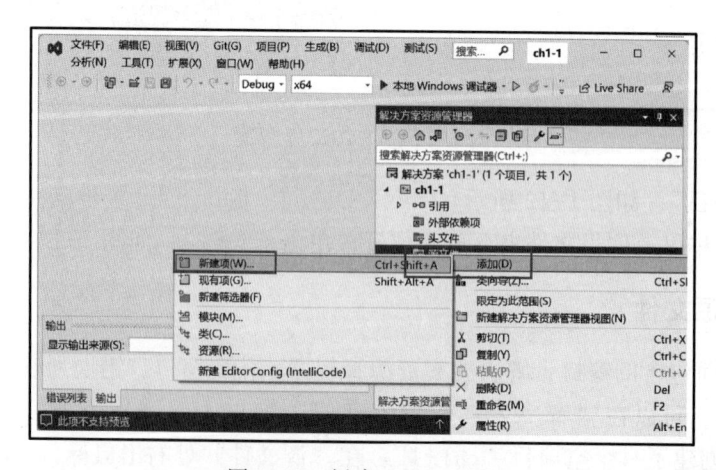

图 1-14　创建 ch1-1 项目

在弹出的窗口中默认文件类型为 C++文件（扩展名为.cpp），将扩展名改为".c"即为 C 文件。将文件名改为"hello.c"，单击"添加"按钮，即可成功创建一个名为"hello.c"的 C 语言程序，如图 1-15 所示。

图 1-15 添加新文件 hello.c

三、编辑、编译和运行 C 程序

1、编辑程序

编辑程序包括输入代码、复制、粘贴、删除等操作。在代码窗口中输入的程序称为源程序。

例 1-1：输出"Hello World!"。在代码窗口输入代码，如图 1-16 所示。

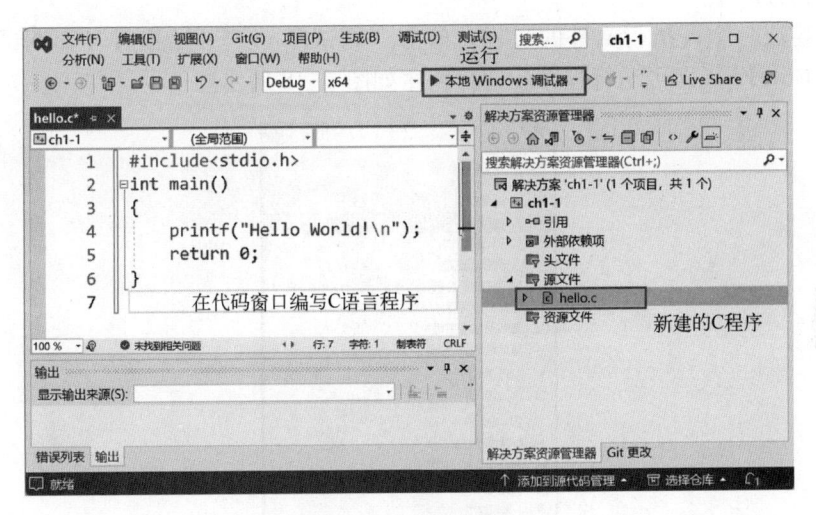

图 1-16 编写 C 程序

代码如程序段 1-1 所示。

程序段 1-1

```
#include<stdio.h>
int main( )
{
    printf( "Hello World!\n" );
    return 0;
}
```

2、编译程序

源程序是一种用户能读懂但计算机不懂的程序。编译就是将源程序转换为用机器指令表示的目标程序的过程。单点"生成"→"编译"或者使用快捷键〈Ctrl+F7〉即可编译程序。编译程序如图 1-17 所示。

图 1-17 编译程序

3、运行程序

运行是生成一个可执行文件的过程。单击"调试"→"开始执行（不调试）"或者使用快捷键〈Ctrl+F5〉即可运行程序。运行程序如图 1-18 所示。

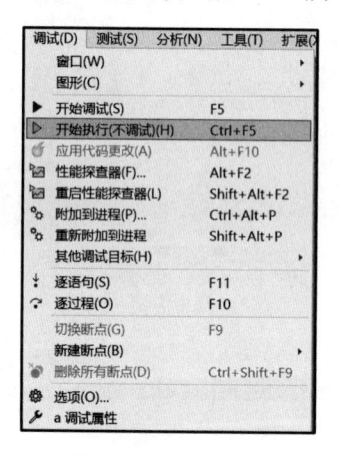

图 1-18 运行程序

如果程序没有错误，会看到程序的运行结果，如图 1-19 所示。

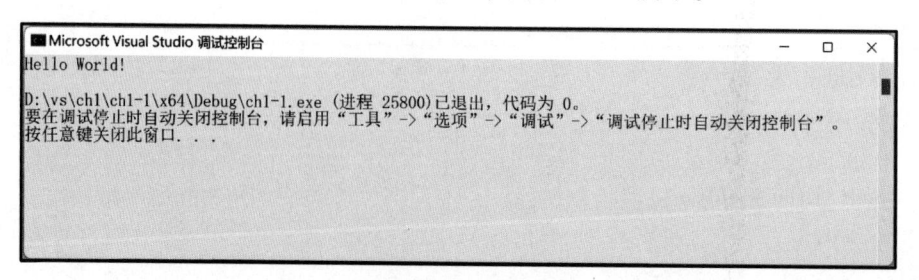

图 1-19 运行结果

在 VS 界面中，编译和运行程序也可以一键点击"本地 Windows 调试器"工具按钮，如图 1-16 所示。

四、调试 C 程序

一个源程序从开始编写，到机器最终运行出正确的结果，需要经历的过程有：编辑、编译和运行。在编译和运行过程中可能会出现或多或少的错误，这时需要对程序进行调试。

调试就是发现程序错误、对错误进行定位、确定错误产生的原因、提出纠正错误的解决办法、对程序错误予以改正、重新运行的过程。

调试过程中可能出现的错误有三类：语法错误、逻辑错误和运行错误。

1、语法错误

编译过程中出现的错误，需要修改源程序的错误。例如，语句后面缺少分号";"。

2、逻辑错误

程序可以运行，但结果与预期不一致。例如，将判断相等的关系运算符"＝＝"写成赋值运算符"＝"，往往就会导致逻辑错误。

3、运行错误

在运行时产生的异常错误。例如，运算中除数为 0、数组下标越界。

语法错误在 VS 界面的错误窗口会有相应提示，但是逻辑错误和运行错误需要一定的经验方可排查。

五、重要的文件

项目生成过程中产生的几个重要文件，如图 1-20 所示。

扩展名".sln"：解决方案文件。双击这个文件便可打开项目。

扩展名".c"：用户编写的 C 语言源程序文件。双击这个文件，只可打开但是不能修改文件。

扩展名".exe"：最终生成的可执行文件。

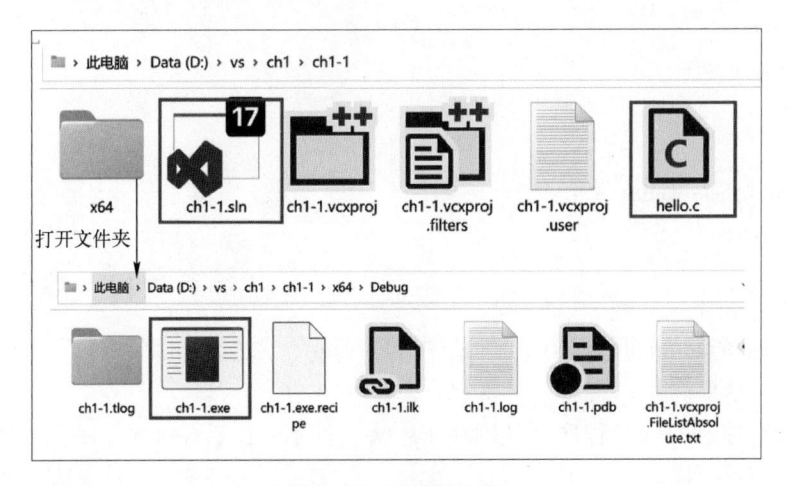

图 1-20　重要的文件

第六节　编写 C++语言程序

例 1-2：输出"Hello World！"。在代码窗口输入代码，如图 1-21 所示。

图 1-21　编写 C++程序

创建空项目"ch1-2"，在"源文件"处右击鼠标，弹出的菜单中选择"添加"→"新建项"，在弹出的窗口中将文件名改为"hello.cpp"，单击"添加"按钮，即可成功创建一个名为"hello.cpp"的 C++语言程序。

代码如程序段 1-2 所示。

程序段 1-2

```
#include<iostream>
using namespace std;
int main( )
{
    cout << "Hello World!\n";
    return 0;
}
```

单击"本地 Windows 调试器"，调试"hello.cpp"文件。如果程序没有错误，会看到 C++程序的运行结果。

比照 C 源程序和 C++源程序，区别在于：头文件不一样；C++多了一条声明命名空间的语句；输出语句不一样。

注意："<<"符号两边的空格无须手动输入。VS 中，每行语句结尾输入分号，然后按〈Enter〉键，语句中的空格自动生成。

第七节　C++程序框架

例 1-3：从键盘输入圆的半径，计算并输出圆的面积。代码如程序段 1-3 所示。

程序段 1-3

```
#include<iostream>           //编译预处理命令
using namespace std;         //使用标准命名空间
int main( )                  //主函数 main
{
    double r, s;             //定义两个变量
    cin >> r;                //从键盘输入数据给变量 r
    s = 3.14 * r * r;        //计算圆面积并赋值给 s
    cout << s<< endl;        //输出 s 的值
    return 0;                //主函数正常结束返回 0
}
```

一、C++程序的框架结构

1、第一句以#开头，被称为编译预处理命令。#include<文件名>就是找到并打开该文件，然后将其中的内容复制并粘贴到源程序里。iostream 是标准输入输出函数库，cin、cout 就是由它提供的。

2、第二句 using、namespace 是 C++中的关键字，而 std 是 C++标准库所在空间的名称。using namespacestd 的作用可以认为是获得一种权限，可以调用 std 这个名字空间下的内容。

3、主函数框架如图 1-22 所示。主函数中，int main( )是函数头，后跟一对大括号，大括号中是函数体。

```
int main()
{
    ┌─────────┐  ┌──────────────────────┐
    │ 定义变量 │  │ double r, s;         │
    └─────────┘  └──────────────────────┘
    ┌─────────┐  ┌──────────────────────┐
    │ 输入数据 │  │ cin >> r;            │
    └─────────┘  └──────────────────────┘
    ┌─────────┐  ┌──────────────────────┐
    │ 求解处理 │  │ s = 3.14 * r * r;    │
    └─────────┘  └──────────────────────┘
    ┌─────────┐  ┌──────────────────────┐
    │ 输出结果 │  │ cout << s << endl;   │
    └─────────┘  └──────────────────────┘
    return 0;
}
```

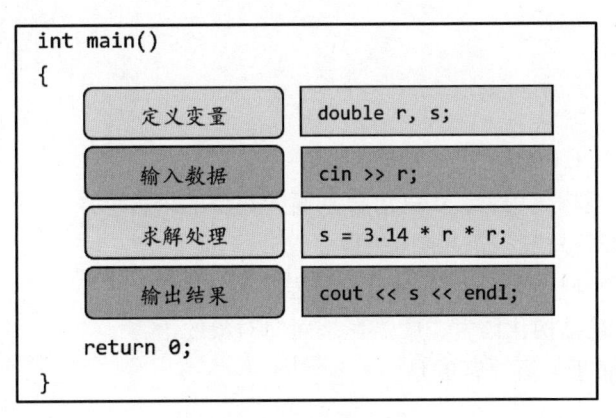

图 1-22　主函数框架

二、C++程序的特点

1、C++程序由一个或多个函数构成。

2、无论一个程序有多少个函数，C++总是从 main 函数开始执行，main 函数有且只有一个。

3、分号是语句的组成部分，表示语句结束。

4、程序中可以加注释，以"//"开始；或者以"/*"开始，以"*/"结束。注释语句可以增加程序的可读性，不参与程序的编译和运行。注释的方法详见第四章。

5、C++中区分大小写字母。

本 章 小 结

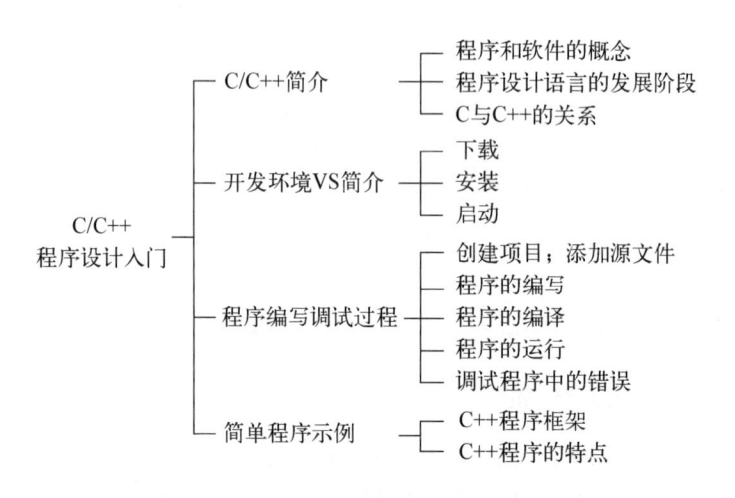

```
                        ┌─ C/C++简介 ──────┬─ 程序和软件的概念
                        │                  ├─ 程序设计语言的发展阶段
                        │                  └─ C与C++的关系
                        │
                        ├─ 开发环境VS简介 ─┬─ 下载
                        │                  ├─ 安装
   C/C++                │                  └─ 启动
   程序设计入门 ────────┤
                        │                  ┌─ 创建项目；添加源文件
                        ├─ 程序编写调试过程┤─ 程序的编写
                        │                  ├─ 程序的编译
                        │                  ├─ 程序的运行
                        │                  └─ 调试程序中的错误
                        │
                        └─ 简单程序示例 ───┬─ C++程序框架
                                           └─ C++程序的特点
```

习　题　一

一、单项选择题

1、在 VS C++中，要在原有程序中修改程序代码应打开扩展名为_____的文件。

  A．exe

  B．cpp

  C．sln

  D．obj

2、有关 C 语言和 C++语言以下正确的说法是_____。

  A．C 语言是结构化语言，C++语言是面向对象的语言

  B．C 语言和 C++语言都是结构化程序设计语言

  C．C 语言和 C++语言都是面向对象的程序设计语言

  D．C++语言是结构化语言，C 语言是面向对象的语言

3、下列语言不属于高级语言的是_____。

  A．C 语言

  B．机器语言

  C．FORTRAN 语言

  D．C++语言

4、对 C++语言和 C 语言的兼容性，描述正确的是_____。

A. C++兼容C

B. C++部分兼容C

C. C++不兼容C

D. C兼容C++

5、下列哪种语言不属于计算机语言？_____。

A. 汇编语言

B. 高级语言

C. 人类语言

D. 机器语言

6、一个可运行的C++源程序，_____。

A. 由一个或多个主函数构成

B. 由一个且仅由一个主函数和零个以上（含零个）的子函数构成

C. 仅由一个主函数构成

D. 由一个且只有一个主函数和多个子函数构成

7、用C++语言编写的文件，_____。

A. 经过解释即可执行

B. 是一个源程序

C. 经过编译解释才能执行

D. 可立即执行

8、C++程序编译时，程序中的注释部分_____。

A. 不参加编译，也不会出现在目标程序中

B. 参加编译，但不会出现在目标程序中

C. 不参加编译，但会出现在目标程序中

D. 参加编译，并会出现在目标程序中

9、每个C++源程序都必须有且仅有一个_____。

A. 预处理命令

B. 主函数

C. 函数

D. 语句

10、下列C++标点符号中，表示一条预处理命令开始的是_____。

A. #

B. //

C. }

D. ;

11、C++语言是以_____语言为基础逐渐发展而演变而成的一种程序设计语言。

A. Pascal

B. C

C. Basic

D. Simula67

二、判断题

1、C 和 C++语言中不区分大小写字母。
2、C 和 C++语言源程序中如果存在语法错误，程序仍可以运行，但结果不正确。
3、C++源程序有且只有一个 main 函数。

三、填空题

1、C++源程序的扩展名为_____。
2、在 C 语言中，无论一个程序中有多少个函数，总是从_____函数开始执行。
3、#include<iostream>是一条预处理指令，在_____时由_____执行。
4、_____是计算机直接理解执行的语言，由一系列_____组成；其助记符构成了_____；接近人的自然语言习惯的程序设计语言为_____。

实验一　C/C++入门

编写 C++程序，完成以下任务。

一、输出以下多行信息：

> Hello World!
> Hello C++!
> Hello everyone!

二、输出中文信息：学习 C++，不要半途而废！！！
三、从键盘输入圆的半径，输出圆的周长。

第二章　程序中的数据表示

学习目标：
1、理解并掌握数据类型的分类；掌握基本类型。
2、理解并掌握常量的概念、类型以及常量的数据表示形式。
3、理解变量的概念，掌握标识符的命名规则；掌握变量的定义、初始化和赋值方法。
4、掌握符号常量和常变量的用法和区别，掌握字符和字符串的用法和区别。

建议学时： 2 学时

教师导读：
1、要求考生在编写程序时，能正确选择匹配的数据类型。
2、要求考生在编写程序时，掌握常量和变量的应用。

第一节　数 据 类 型

程序处理加工的对象就是各种各样的数据。数据不仅包含整数、实数等数值类型，还包括字符、声音、图形、图像、动画和视频等非数值类型，在程序中通过不同的数据类型来描述不同的数据。

数据类型有三个方面的作用。
● 决定该数据类型在内存中的存储空间；
● 决定该数据类型的取值范围；
● 决定该数据类型可以参与的运算。
数据类型不同，求解问题的方法也会不同。

一、数据类型概述

C++的数据类型非常丰富，如图 2-1 所示。

基本类型是常用的类型，构造类型是由基本类型组合而成的复杂类型。本书重点介绍基本类型（第二章）、数组（第七章）、结构体（第十一章）、类（字符串类第八章）和指针类型（第十章）。

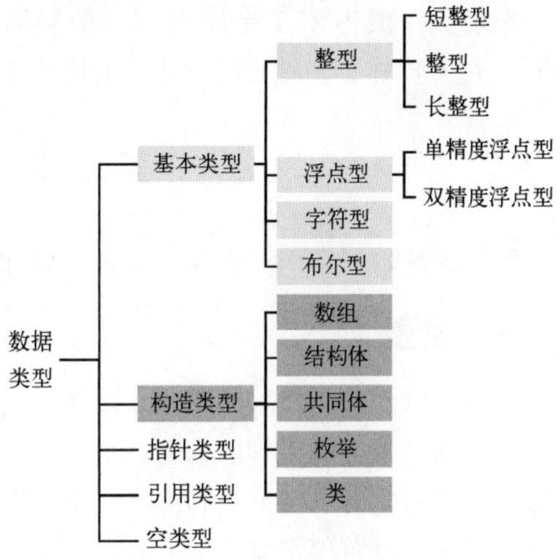

图 2-1　C++的数据类型

二、基本类型

1、整型 int

整型描述的就是数学定义中的整数类型。根据整数在计算机中所占用的字节数和数值范围的不同，C++的整型可以进一步细分成很多类型。本书重点介绍短整型、基本整型和长整型。整型如表 2-1 所示。

表 2-1 整型

数据类型	类型名称	字节数	数值范围
短整型	short	2	$-2^{15} \sim 2^{15}-1$
基本整型	int	4	$-2^{31} \sim 2^{31}-1$
长整型	long int	4	$-2^{31} \sim 2^{31}-1$

不同的类型规定了不同的字节数，即所占的内存空间，字节数决定了数据的数值范围。当一个整数超出此范围时就会导致溢出，产生错误的运算结果。

注意：表格中字节数是最小的字节数，实际的字节数取决于操作系统和编译器。

2、浮点型 float

浮点型有单精度浮点型和双精度浮点型。浮点型如表 2-2 所示。

表 2-2 浮点型

数据类型	类型名称	字节数	数值范围
单精度浮点型	float	4	$3.4\times10^{-38} \sim 3.4\times10^{38}$（绝对值精度）
双精度浮点型	double	8	$1.7\times10^{-308} \sim 1.7\times10^{308}$（绝对值精度）

浮点型的精度越高计算结果越精确。

3、字符型 char

字符型表示单个字符，占用一个字节（8 位），是专门为存储字符而设计的。可以使用单引号将字符括起来，例如，5、'a'、'Y'、'1'等。

4、布尔型 bool

布尔型一般占用 1 个字节，取值只有 true 和 false 两种。true 代表"真"；false 代表"假"。在 C++中，true 或任意非 1 值均代表"真"；false 或 0 值均代表"假"。

第二节　常量和变量

程序中的数据有两种表现形式：常量和变量。

一、常量

常量是指在程序执行期间不会改变的数据，分为字面常量和符号常量。

从字面形式即可识别的常量称为字面常量，例如，5、3.1415926、'a'、true。字面常量的数据类型由它的书写形式和值来决定。字面常量有整型常量、浮点型常量、字符型常量、布尔型常量、字符串常量。

1、整型常量

整型常量可以是十进制、八进制或十六进制的常量。

（1）十进制整数

以数字 1~9 开始，由数字 0~9 组成的整数。例如，-3、23。

（2）八进制整数

以数字 0 开始，由数字 0~7 组成的整数。例如，036、-010。

（3）十六进制整数

以 0x 或 0X 开始，由 0~9 及 A~F 组成的整数。例如，0XAF、-0x51。

2、浮点型常量

浮点型常量可以使用小数形式或者指数形式来表示。

（1）小数形式

由正负号、数字和小数点组成，整数和小数可以省略其中之一，但不能省略小数点。例如，-3.14、123.、.123、0.0。

（2）指数形式

由尾数、指数符号 e（或 E）及指数构成。例如，123.4e-5、1E3。

指数符号 e 前面的尾数不能省略，后面的指数必须为整数。

（3）浮点型常量默认为 double 类型，加上"f"或"F"后缀可以指定为 float。例如，5.193 是 double 型，5.193F 则是 float 型。

3、字符型常量

字符型常量是括在一对单引号（"）中。

（1）普通字符常量

用单引号括起来的单个字符。例如，'A'、'?'、'1'。字符常量将字符的 ASCII 编码存放至内存，而不是字符本身。

ASCII（American Standard Code for Information Interchange，美国信息互换标准代码）是一套字符编码，即用 7 位二进制编码常见的数字、大小写字母、标点符号以及一些特殊的控制字符。包括：

数字：0~9

字母：a~z，A~Z

标点符号以及运算符:％￥#＠！&＊，.？／＋-等

控制字符：回车、换行等控制字符

例如，'A'表示英文字符 A，ASCII 值是 65；'a'表示英文字符 a，ASCII 值是 97。同一个英文字符大小写的 ASCII 码值相差 32，小写字符的 ASCII 值比大写字符的大 32。

'2'表示数字字符 2，ASCII 值是 50。注意：字符'2'和整数 2 是不同的数据类型。

（2）转义字符常量

以反斜线（\）开头，后跟一个或几个字符序列表示的字符称为转义字符，例如，'\n'、'\t'。转义字符用于表示一些特殊的无法直接显示的 ASCII 字符。

转义字符及其含义如表 2-3 所示。

表 2-3　转义字符及其含义

转义字符形式	含　　义
\\	反斜线
\'	单引号
\"	双引号
\?	问号
\a	警报铃声

（续）

转义字符形式	含义
\b	退格键
\f	换页符，将光标位置移到下页开头
\n	换行符，将光标位置移到下行开头
\r	回车符，将光标位置移到本行开头
\t	水平制表符，将光标位置移到下一个 TAB 开头
\v	垂直制表符
\0	字符串结束符
\ooo	用 1 到 3 位八进制数 ooo 为码值所对应的字符
\xhh	用 1 到 2 位十六进制数 hh 为码值所对应的字符

例 2-1：转义字符应用举例，代码如程序段 2-1 所示。

程序段 2-1

```
#include<iostream>
#include<iostream>
using namespace std;
int main( )
{
    cout << "hello\tworld" << endl;   //C++中使用 endl 换行
    cout << "hello\nworld" << endl;
    cout << "hello\"\\world" << endl;
    cout << "\x41\123ced" << endl;
    return 0;
}
```

代码运行结果如图 2-2 所示。

4、布尔型常量

布尔型常量只有两个值：true 和 false。但是在 C++中使用 cout 输出布尔型常量时，true 输出 1，false 输出 0。

图 2-2 转义字符运行结果

5、字符串常量

以一对双引号（""）括起来的零个或多个字符组成的字符序列称为字符串常量。例如，

```
""          //这是一个空字符串
" "         //这是一个包含空格的字符串
"hello\n"   //这是一个包含英文字符和换行符的字符串
"abcd"      //这是一个包含英文字符的字符串
```

注意：'a'和"a"不同，前者是字符常量，占一个字节；后者是字符串常量，占两个字

节，末尾隐含字符串结束符'\0'。

6、符号常量

为了编程和阅读的方便，在 C++ 程序设计中，常用一个标识符表示一个常量，称为符号常量。符号常量使用 #define 预处理器来定义，定义形式为：

> #define 标识符 常量值

定义的作用就是将标识符定义为常量值，在程序中所有出现该标识符的地方均用常量值替代。以"#"开头，结尾没有分号";"。

例如，

> #define PI 3.14 //注意行尾没有分号

经过以上指定后，本程序中从此行开始所有的 PI 都代表 3.14。

例 2-2：已知圆的半径，计算圆的面积和周长。代码如程序段 2-2 所示。

程序段 2-2

```
#include <iostream>
using namespace std;
#define PI 3.14          //PI 为圆周率 3.14
#define R   10           //R 为半径 10
#define NEWLINE '\n'     //NEWLINE 为换行符
int main( )
{
    float c,s;
    s = PI * R * R;
    c = 2 * PI * R;
    cout << s << NEWLINE;
    cout << c;
    return 0;
}
```

代码运行结果如图 2-3 所示。

使用符号常量的好处如下。

（1）含义清楚。

看程序时从 PI 就可大致知道它代表圆周率，在定义符号常量名时应该考虑"见名知意"。习惯上符号常量名使用大写字母。

图 2-3 代码运行结果

（2）在需要改变程序中多处用到的同一个常量时，能做到"一改全改"。

符号常量便于程序修改和维护，但是这种形式的常量已经用得较少。因为用预处理指令定义常量不含类型信息，无法对其进行类型检查。

二、变量

变量是在程序运行期间其值可以改变的数据。变量实际上就是计算机中的一个内存单元，C++规定变量必须有一个名字，用变量名代表内存单元。

1、变量名

在计算机高级语言中，用来对变量、符号常量、函数、数组等命名的有效字符序列统称为标识符。标识符就是一个对象的名字。前面用到的变量名 s、r 以及符号常量名 PI 都是标识符。

标识符的命名规则如下。

（1）关键字不能作标识符用。关键字是系统已经定义过的、有特定含义、不能它用的专用单词。例如，int、float、char、double、main、define、for 等。

（2）必须以字母或下画线开头，由字母、数字和下画线组成。

（3）标识符最好简洁且"见名知意"，以提高程序的可读性。例如，sum 表示求和，average 表示平均值。

（4）C++对大小写敏感，大写字母和小写字母是不同的。例如，sum 和 SUM 是不同的标识符。

另外，标识符中包含汉字也是毫无问题的。只是为了 C++程序的兼容性，还是尽量不使用中文变量名。

2、变量的定义

变量必须"先定义后使用"。变量的定义形式如下。

变量类型 变量名列表;

例如，

int	i, j, k;	//定义三个整型变量，变量名之间用逗号隔开
char	c, ch;	//定义两个字符变量
float	f, salary;	//定义两个单精度变量
double	d;	//定义一个双精度变量

3、变量的初始化

变量定义后，变量值是未确定的，在参与运算前必须先被赋值。

变量的初始化就是在变量定义的同时给变量一个初值。初始化的形式：

变量类型 变量名=初值;
变量类型 变量名(初值);
变量类型 变量名1=初值1,变量名2=初值2,…;

例如，

double pi = 3.1415926;	//初始化 pi 为 3.1415926
int a = 0, b = 0, c = 1;	//同时初始化多个变量
int x, y, z = 10;	//对部分变量初始化
int a(3);	//初始化变量 a 为 3

4、变量的赋值

变量定义后，可以通过赋值语句为变量赋予新的数据。赋值语句的形式如下。

```
变量名=表达式；
```

例如，

```
int i;           //定义变量 i
i = 1;           //i 赋值 1
...              //i 不变
i = i + 1;       //重新给 i 赋值，在原来值的基础上加 1
```

5、常变量

在变量定义前加上关键字 const，这样的变量称为常变量。常变量在程序运行期间的值不能被改变。定义形式如下。

```
const 变量类型 变量名=常量值；
```

例如，

```
const double pi = 3.1415926;    //定义常变量 pi
pi = 3.14;                       //不能改变常变量的值
```

符号常量和常变量在程序中都能使用，但二者性质不同。定义符号常量用预处理指令#define，常变量用关键字 const；符号常量不占存储单元，而常变量要占用存储单元，变量值不能改变。

推荐用 const，const 可以定义数据类型，提高使用数据类型的安全性。

本 章 小 结

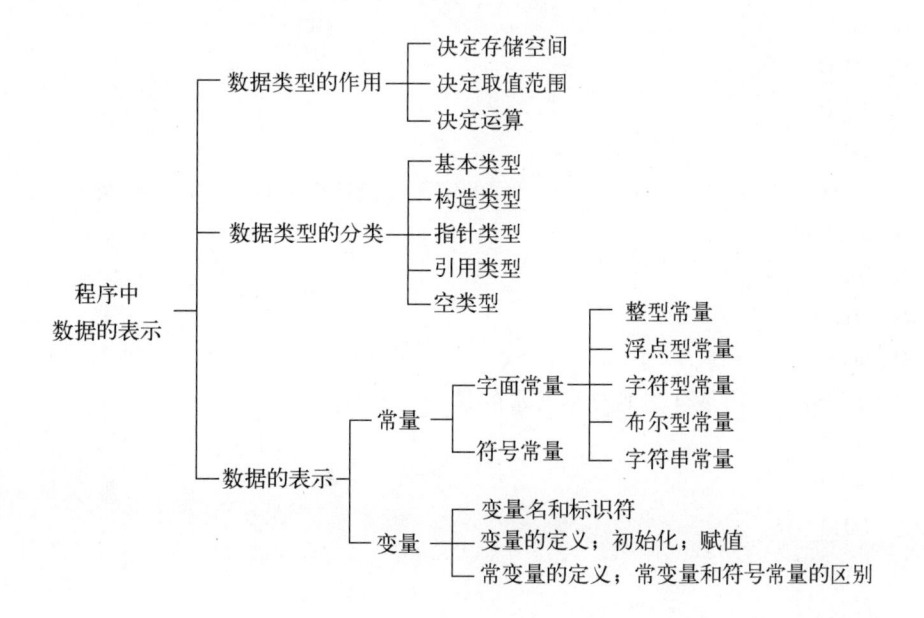

程序中数据的表示
- 数据类型的作用
  - 决定存储空间
  - 决定取值范围
  - 决定运算
- 数据类型的分类
  - 基本类型
  - 构造类型
  - 指针类型
  - 引用类型
  - 空类型
- 数据的表示
  - 常量
    - 字面常量
      - 整型常量
      - 浮点型常量
      - 字符型常量
      - 布尔型常量
      - 字符串常量
    - 符号常量
  - 变量
    - 变量名和标识符
    - 变量的定义；初始化；赋值
    - 常变量的定义；常变量和符号常量的区别

习 题 二

一、单选题

1、下列不是 C++ 语言基本数据类型的是_____。
　　A. 整型
　　B. 浮点型
　　C. 字符型
　　D. 结构体

2、以下能正确定义整型变量 a、b、c 并为其赋初值 5 的语句是_____。
　　A. int a = 5,b=5,c=5;
　　B. int a,b, c=5;
　　C. int a = b=c=5;
　　D. a=b=c=5;

3、C++ 源程序中，下列哪个整数的数值最小？_____
　　A. 10
　　B. 010
　　C. 10L
　　D. 0x10

4、C++ 源程序中，数值常量 010 被默认为_____。
　　A. 二进制，int 类型
　　B. 二进制，short 类型
　　C. 十六进制，short 类型
　　D. 八进制，int 类型

5、C++ 源程序中，下列哪个常量的数据类型是 float 型？_____。
　　A. 10
　　B. 10.0
　　C. 10.0f
　　D. 10L

6、假设变量 x 的值域为[−1.0,1.0]之间的实数，最适合的数据类型是哪种？_____。
　　A. double
　　B. int
　　C. char
　　D. short

7、下列选项中，均是合法的整型常量的是_____。
　　A. 60
　　　−0xffff
　　　0011
　　B. −0xcdf

01a

0xe

C. -01

986,012

0668

D. -0x48a

2e5

0x

8、下列选项中，均是合法的实型常量的是_____。

A. +1e+1

5e-9.4

03e2

B. -0.10

12e-4

-8e5

C. 123e

1.2e-.4

+2e-1

D. -e3

.8e-4

5.e-0

9、下列字符串常量表示中，哪个是错误的？_____。

A. "\"yes"or\"No"\"

B. "\'OK!'\"

C. "abcd\n"

D. "ABC\0"

10、下列不是 C++语言的合法用户标识符的是_____。

A. a#b

B. _int

C. a_10

D. Pad

11、正确的 C++语言标识符是_____。

A. 3d_max

B. if

C. A&B

D. sum_2

12、下列关于 C++关键字的说法中正确的是_____。

A. 关键字是用户为程序中各种需要明明的元素所起的名字

B. 关键字是对程序中的数据进行操作的一类单词

C. 关键字是在程序中起分割内容和界定范围作用的一类单词

D. 关键字是 C++中预先定义并实现一定功能的一类单词

二、判断题

1、'b'和"b"是不同的两种常量。

2、int d=a,e=a+b;

3、int m=n=z=5;

4、常变量具有变量的基本属性：有类型，占存储单元，只是不允许改变其值。可以说，常变量是有名字的不变量，而常量是没有名字的不变量。

5、符号常量和常变量的定义形式不同，性质不同。

6、用户自定义的标识符中不能包含汉字。

三、填空题

1、字符串"Hello"存储时占有_____个字节的空间。

2、八进制数值、十六进制数值的前缀分别是_____，_____。

3、整型的类型名称为_____，单精度浮点型的类型名称为_____。

4、C++的转义字符中，用于换行的转义字符是_____。

5、布尔型数值只有两个_____和_____。在 C++的运算中，分别当作 1 和 0。

6、字符由_____括起来，字符串由_____括起来。字符只能有一个字符，字符串可以有多个字符。

7、空字符串的表示方法为_____。

8、标识符以_____开头。

9、定义变量的同时赋初值的方法有_____、_____。

实验二　程序中的数据表示

编写 C++程序，完成以下任务。

一、编程并输出长 1.2、宽 4.3、高 6.4 的长方体的体积。要求长方体的长、宽、高必须利用 const 常量表示。程序中用到的数据类型均为 double 类型。

二、编程并输出长 1.2、宽 4.3、高 6.4 的长方体的体积。要求长方体的长、宽、高必须利用符号常量表示。程序中用到的数据类型均为 double 类型。

三、已知圆的半径为 5，计算并输出圆的面积和周长。圆周率为 3.1415926，用符号常量表示。程序中用到的数据类型均为 double 类型。

四、已知圆的半径为 5，计算并输出圆的面积和周长。圆周率为 3.1415926，用常变量表示。程序中用到的数据类型均为 double 类型。

五、编写一个计算梯形面积的程序。要求梯形的上底、下底和高在定义变量时直接赋值。程序中用到的上底、下底和高均为整型，面积为 float 类型。

第三章　运算符和表达式

学习目标：
1、理解并掌握常用运算符的特点、运算结果、具体用法、结合性以及优先级。
2、理解并掌握表达式的书写规则，能正确判断表达式的结果，并能运用各种运算符构成表达式。
3、掌握不同数据类型进行混合运算时，数据类型的转换原则。
建议学时：2 学时
教师导读：
1、本章内容是程序设计语言的基础知识。程序中的数据需要运算，运算需要运算符和表达式。
2、本章要求考生熟练掌握常用运算符的用法以及表达式的书写；在编写程序时，能将运算符和表达式结合起来解决问题。

第一节　运算符和表达式概述

运算符和表达式是 C++语言的基本构件之一。

一、运算符

计算机求解问题的基本操作是运算。比如，计算数学公式 a^2+b^2-4ac，需要用到数学的加减乘除等运算，这些运算在 C++语言中是通过运算符来表达的。

运算符是告诉编译器执行各种运算的符号，运算的对象称为操作数。

1、运算符目数
运算符所需的操作数个数，分为以下三种情况。
单目运算符：需要一个操作数。
双目运算符：需要两个操作数。
三目运算符：需要三个操作数。

2、运算符优先级
当不同的运算符进行混合运算时，运算次序有先后之分，优先级高的运算符先运算，优先级低的运算符后运算。

3、运算符结合性
如果有两个以上同一优先级的运算符，其运算次序是按照运算符的结合性来处理。C++运算符分为左结合和右结合。

常用的运算符有：算术运算符、关系运算符、逻辑运算符、赋值运算符、条件运算符、逗号运算符。

二、表达式

表达式类似数学中的计算公式，由常量、变量、函数、运算符和括号按照一定规则组合在一起的式子。

表达式遵循以下书写规则。

1、表达式从左到右在同一个基准上书写。例如，数学公式 x^2+y，应写为：x*x+y。

2、乘号不能省略。例如，数学公式 a^2+b^2-4ac，应写为：a*a+b*b-4*a*c。

3、对复杂表达式可以通过括号( )强制规定计算次序。括号必须成对出现，而且只能使用圆括号，圆括号可以嵌套使用。例如，((x+y)+z)/2。

第二节　算术运算符

算术运算符用于各类数值运算。假设变量 A 的值为 5，变量 B 的值为 2，算术运算符的功能以及运算结果如表 3-1 所示。

表 3-1　算术运算符

运算符	功　能	目　数	结合性	实　例
+	取正值	单目	自右向左	+A 得到+5
-	取负值	单目	自右向左	-A 得到-5
*	乘法	双目	自左向右	A*B 得到 10
/	除法	双目	自左向右	A/B 得到 2，1.0*A/B 得到 2.5
%	取模，整除后的余数	双目	自左向右	A%B 得到 1
+	加法	双目	自左向右	A+B 得到 7
-	减法	双目	自左向右	A-B 得到 3
++	后置自增，整数值加 1	单目	自右向左	A++ 得到 6
--	后置自减，整数值减 1	单目	自右向左	A-- 得到 4
++	前置自增，整数加 1	单目	自右向左	++A 得到 6
--	后置自减，整数减 1	单目	自右向左	--A 得到 4

1、"%" 也称为求余运算符，结果是被除数除以除数后的整余数。两侧的操作数必须为整型数据，并且运算结果的正负号与 "%" 左边的操作数相同。

例如，

```
1234 % 10      //余数为 4
1234 % 100     //余数为 34
1234 % 1000    //余数为 234
-1234 % 100    //余数为-34
1234 % -100    //余数为 34
```

2、算术运算符中，优先级别最高的是自增++、自减--、正号+、负号-；其次是乘*、除/、模%；最后是加+、减-。

3、+、-、*、/运算的两个数中，如果有一个数为浮点型，则结果是浮点型。

4、当 "/" 的两个操作数均为整数时，计算结果也是整数。如果其中之一为浮点数，结果为浮点数。

例如，

```
5/2           //两侧都是整数，结果为整数 2
123 / 10      //两侧都是整数，结果为整数 12
5.0/2         //其中一个是浮点数，结果为浮点数 2.5
5/2.0         //其中一个是浮点数，结果为浮点数 2.5
1.0*A/B       //两个整型变量相除，1.0*A 是浮点数，结果为 2.5
```

5、自增自减运算符的形式有前置运算（运算符位于变量前）和后置（运算符位于变量后）运算。前置和后置对自增自减变量本身的值而言无区别，都是加 1 减 1。

例如下面语句，观察结果：

```
int a=5;              //初始化变量 a 为 5
a++;                  //后置自增
cout << a << endl;    //a 为 6
a = 5;                //重新赋值为 5
a--;                  //后置自减
cout << a << endl;    //a 为 4
a = 5;                //重新赋值为 5
++a;                  //前置自增
cout << a << endl;    //a 为 6
a = 5;                //a 重新赋值为 5
--a;                  //前置自减
cout << a << endl;    //a 为 4
```

但是前置和后置对于参与的表达式贡献却不同。前置运算以变化后的值参与运算；后置运算以原值参与运算。

例如下面语句，观察结果：

```
int a = 5,b;          //初始化变量 a 为 5
b = a++;              //后置自增按原值 5 赋值给 b，然后 a 加 1
cout << b << endl;    //b 为 5，a 为 6
a = 5;                //a 重新赋值为 5
b = a--;              //后置自减按原值 5 赋值给 b，然后 a 减 1
cout << b << endl;    //b 为 5，a 为 4
a = 5;                //a 重新赋值为 5
b = ++a;              //前置自增 a 先加 1，赋值给 b
cout << b << endl;    //b 为 6，a 为 6
a = 5;                //a 重新赋值为 5
b = --a;              //前置自减 a 先减 1，赋值给 b
cout << b << endl;    //b 为 4，a 为 4
```

第三节 关系运算符

程序中如何表达一个整数是偶数？如何表达三个整数能否构成三角形？这样的问题需要

用"判断关系"的运算来实现,即关系运算。关系运算符用于判断两个操作数的大小关系,关系成立结果为"真",否则为"假"。

假设变量 A 的值为 5,变量 B 的值为 2,关系运算符的功能以及运算结果如表 3-2 所示。

表 3-2 关系运算符

运算符	功 能	目 数	结 合 性	实 例
<	小于比较	双目	自左向右	A<B 结果为假
<=	小于等于比较	双目	自左向右	A<=B 结果为假
>	大于比较	双目	自左向右	A>B 结果为真
>=	大于等于比较	双目	自左向右	A>=B 结果为真
==	相等比较	双目	自左向右	B%2==0 结果为真
!=	不等比较	双目	自左向右	A%2!=0 结果为真

表 3-2 中,前 4 种关系运算符(<,<=,>,>=)的优先级别相同,后 2 种关系运算符(==,!=)相同。前 4 种的级别高于后 2 种的级别。关系运算符的优先级别低于算数运算符。

第四节　逻辑运算符

在 C++语言中,对于 0≤x≤100 这样的数学表达式,运算步骤是先计算 0≤x,得出非真即假的结果,即 0 或 1;然后再用 0 或 1 这个结果去和 100 比较大小,最后结果为假。很明显,结果不正确。

数学中 0≤x≤100 这样的表达式,在 C++语言中必须通过逻辑运算符来表达。

逻辑运算符如表 3-3 所示。

表 3-3 逻辑运算符

运算符	功　　能	目数	结合性
!	逻辑非。逆转操作数的逻辑状态,如果操作数为真,则结果为假	单目	自右向左
&&	逻辑与。如果两个操作数都为真,结果为真	双目	自左向右
||	逻辑或。如果两个操作数中有任意一个为真,结果为真	双目	自左向右

1、逻辑运算结果为"真"时,以 1 代表"真";运算结果为"假"时,以 0 代表"假"。

假设变量 x 的值为 50,分析逻辑表达式的运算结果如下。

```
x >= 0 && x <= 100        //结果为 1
x < 0 || x > 100          //结果为 0
x == 50                   //结果为 1
!(x == 50)                //结果为 0
```

2、操作数可以为任意类型。所有非 0 的数当作"真"处理,即当作 1 来参与运算。真值表如表 3-4 所示。

表 3-4　真值表

A	B	A&&B	A ‖ B	!A
假（0）	假（0）	假（0）	假（0）	真（1）
假（0）	真（非0）	假（0）	真（1）	真（1）
真（非0）	假（0）	假（0）	真（1）	假（0）
真（非0）	真（非0）	真（1）	真（1）	假（0）

假设变量 A 的值为 5，变量 B 的值为 0，分析下面逻辑运算的结果。

```
A && B    //相当于 1 && 0, 结果为 0
A ‖ B     //相当于 1 ‖ 0, 结果为 1
!A        //相当于!1, 结果为 0
!B        //相当于!0, 结果为 1
```

3、逻辑运算符的优先级别从高到低依次为：!、&&、‖。

4、逻辑运算的特点：并非所有的逻辑运算都被执行，当刚开始求解或求解的中途就可以确定结果时，其余的运算将不再进行。

假设 a=1、b=2、c=3，分析逻辑表达式运算后各变量的值。

（1） a++ && b++ && c--

逻辑"与"运算，操作数全为真结果才为真。首先 a++ 后置自增按照原值 1 来参与运算；继续"与"运算，b++ 后置自增按照原值 2 参与运算，非 0 数据当作 1 来处理；继续"与"运算，c-- 后置自减按照原值 3 参与运算，当作 1 来处理。三个操作数都参与了运算，最终 a=2，b=3，c=2。

（2） --a && b++ && c--

--a 前置自减按照减 1 之后的值参与运算，--a 为 0。逻辑"与"运算只要有一个操作数为假，最终结果即为假，后面的运算不再进行。所以，a 变了，但 b、c 没变，最终 a=0，b=2，c=3。

（3） a-- ‖ b++ ‖ c--

a-- 后置自减按照原值 1 参与运算，逻辑"或"运算只要有一个真，最终结果即为真。所以后面的运算不再进行。最终 a=0，b=2，c=3。

第五节　赋值运算符

赋值运算符用于为变量赋值。赋值运算符的左侧必须是变量，赋值运算符的右侧是表达式。常用的赋值运算符如表 3-5 所示。

表 3-5　常用的赋值运算符

运算符	功　能	目数	结合性	实　例
=	简单赋值运算符	双目	自右向左	C = A + B 将把 A + B 的值赋给 C
+= -= *= /= %=	复合赋值运算符	双目	自右向左	C += A 相当于 C = C + A C -= A 相当于 C = C - A C *= A 相当于 C = C * A C /= A 相当于 C = C / A C %= A 相当于 C = C % A

1、简单赋值运算符将右边的值赋给左边变量。
2、复合赋值运算符将左边变量与右边的值的和（差、积、商、余数）赋给左边变量。
3、左边只能是变量。
4、两边类型不同时，系统自动将右边类型转换为左边类型。
例如下面语句所示。

```
int a = 4;          //a为整型变量
a = a + 1.7;        //右边的值为5.7，取整5赋给左边变量a
```

第六节　条件运算符和逗号运算符

一、条件运算符

条件运算符是C++语言中唯一一个三目运算符。条件运算符如表3-6所示。

表3-6　条件运算符

运算符	功　能	目　数	结 合 性
?:	条件运算	三目	自右向左

条件运算符的语法格式如下。

```
e1 ?e2 :e3
```

先计算表达式e1的值，若为真则返回表达式e2的值作为运算结果，否则返回表达式e3作为运算结果。

例如，

```
max = a > b ? a :b;        //如果a大于b，将a赋给max；否则将b赋给max
n % 2 == 0 ? 1:0           //如果n是偶数，表达式结果为1；否则为0
```

二、逗号运算符

逗号运算符是将两个或多个表达式组合成一个表达式的运算符。逗号运算符如表3-7所示。

表3-7　逗号运算符

运算符	功　能	目　数	结 合 性
,	逗号运算	双目	自左向右

逗号运算符的语法格式如下。

```
e1,e2,e3……
```

自左向右依次计算每个表达式的值，结果为第一个表达式的值。

（e1,e2,e3……）

自左向右依次计算每个表达式的值，结果为最右边的表达式的值。

例如，

```
int a = 10, b = 20, c = 30;
cout << a, a + b, a + b + c;          //结果为第一个表达式的值 10
cout << (a, a + b, a + b + c);        //结果为最后一个表达式的值 60
```

第七节　运算符优先级

表 3-8 按运算符优先级从高到低列出各个运算符，具有较高优先级的运算符出现在表格的上面，具有较低优先级的运算符出现在表格的下面。括号（）的优先级最高，逗号运算符的优先级最低。

表 3-8　运算符优先级

类　　别	运　算　符	结　合　性
后级运算符	( )	从左到右
单目运算符	+ - ! ++ --	从右到左
乘法/除法/取余	* / %	从左到右
加法/减法	+ -	从左到右
关系运算符	< <= > >=	从左到右
相等/不等	== !=	从左到右
逻辑与	&&	从左到右
逻辑或	||	从左到右
条件运算符	?:	从右到左
赋值运算符	= += -= *= /= %=	从右到左
逗号运算符	,	从左到右

在表达式中，运算符的运算规则是：优先级高的运算符先执行，优先级低的运算符后执行。同一优先级的运算符，运算次序由结合性决定。

例如下面语句。

```
int x = 2, y = 4, z = 7;
x = y-- <= x || x + y != z;
cout << x << endl;
cout << y << endl;
cout << z << endl;
```

表达式 y-- <= x || x + y != z 中包含的运算符有 --、<=、||、+、!=。运算符优先级由高到低依次是 --、+、<=、!=、||。

所以，表达式可以表达为：((y--) <= x) || ((x + y) != z)。
((y--) <= x)即为4<=2，表达式结果为0。判断之后，y自减1，y=3
((x + y) != z)即为4!=7，表达式结果为1。
x = 0 || 1, 0 || 1 的结果为1。
因此，x、y、z 的值分别为1、3、7。
注意：在程序中书写表达式时，不要写过于复杂、晦涩难懂的表达式，适当使用括号提高表达式的可读性。

第八节　类型转换运算

表达式中不同类型的数据混合运算时需要进行类型转换，即将不同类型的数据转换成相同类型的数据后再进行计算。类型转换有两种：隐式类型转换和显式类型转换。

一、隐式类型转换

由编译器自动完成的类型转换称为隐式类型转换。这种类型的转换也称为自动转换。

1、转换按数据长度增加的方向进行，以保证精度不降低。int 型和 long 型运算时，先把 int 型转成 long 型后再进行运算。int 型和 float 型运算时，先把 int 型转成 float 型后再进行运算。int 型和 char 型运算时，先把 char 型转成 int 型后再进行运算。

例如下面语句，其中 typeid().name 用于获得表达式的类型。

```
int a = 2;
float b = 3.6;
cout << a / b << endl;                    // a/b 结果为 0.555556
cout << typeid(a / b).name() << endl;     //a/b 的数据类型为 float
cout << a + 'A' << endl;                  // a+'A'结果为 67
cout << typeid(a + 'A').name() << endl;   //a+'A'的数据类型为 int
```

2、将浮点型数据赋值给整型变量时，舍弃浮点数的小数部分。
例如，

```
int a = 4.8;      //a 的值为 4
```

3、将整型数据赋值给浮点型变量时，数值不变，但是以浮点数形式存储到变量中。
例如，

```
double a = 5;     //a 按 5.0 处理
```

4、将 double 型数据赋值给 float 型变量时，注意数值范围溢出。将 float 型数据赋值给 double 型变量时，扩展有效数字位数。

5、字符型数据可以赋值给整型变量，此时存入的是字符的 ASCII 码值。
例如，

```
char a = 'A';
int b = a;        //字符'A'的 ASCII 码值 65，将 65 赋给变量 b
```

二、显式类型转换

手动将数据从一种类型更改为另一种类型时,这称为显式转换。这种类型的转换也称为强制类型转换。转换形式:

```
(类型标识符)表达式
类型标识符(表达式)
```

强制转换后得到一个新类型的数据,但原变量的类型不变。
例如,

```
(int)a % 2;          //将 a 转换为整型
int(a) % 2;          //将 a 转换为整型
float(x + y);        //将 x+y 转换为浮点型
x+ float(y);         //将 y 转换为浮点型
```

本 章 小 结

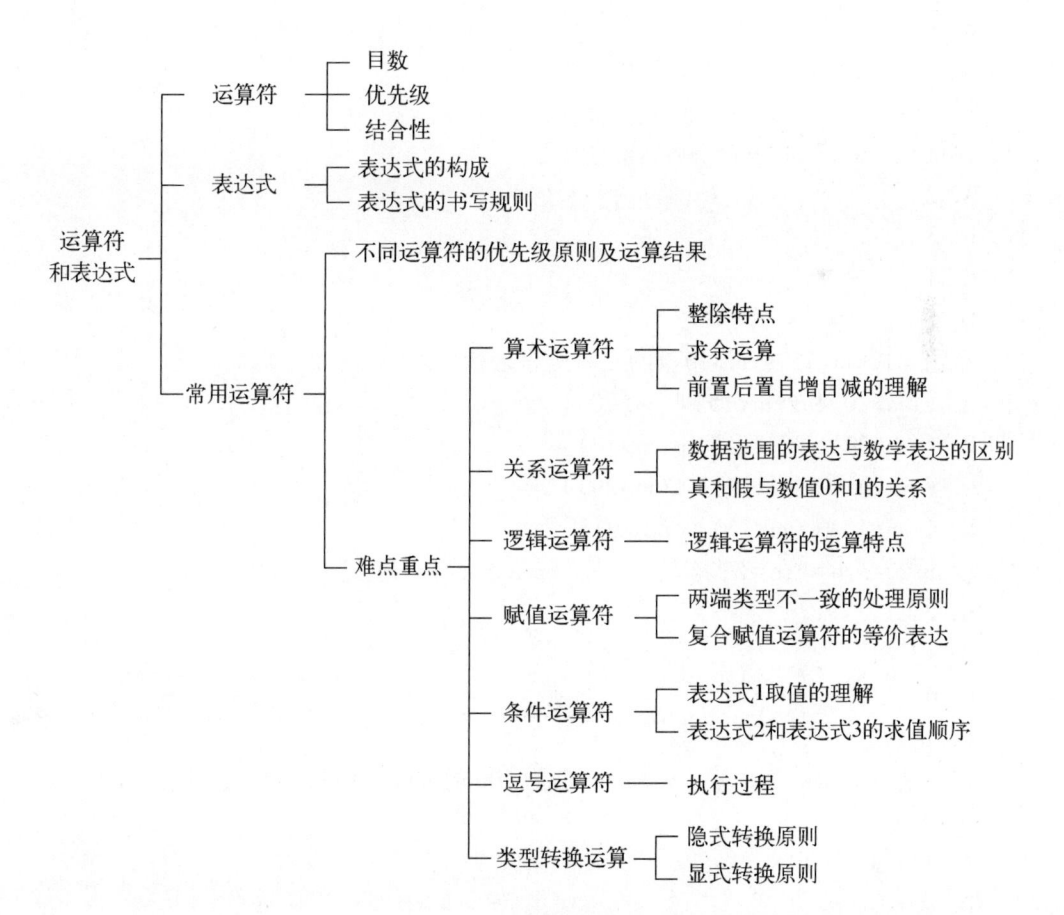

运算符和表达式
- 运算符
  - 目数
  - 优先级
  - 结合性
- 表达式
  - 表达式的构成
  - 表达式的书写规则
- 常用运算符
  - 不同运算符的优先级原则及运算结果
  - 难点重点
    - 算术运算符
      - 整除特点
      - 求余运算
      - 前置后置自增自减的理解
    - 关系运算符
      - 数据范围的表达与数学表达的区别
      - 真和假与数值0和1的关系
    - 逻辑运算符
      - 逻辑运算符的运算特点
    - 赋值运算符
      - 两端类型不一致的处理原则
      - 复合赋值运算符的等价表达
    - 条件运算符
      - 表达式1取值的理解
      - 表达式2和表达式3的求值顺序
    - 逗号运算符
      - 执行过程
    - 类型转换运算
      - 隐式转换原则
      - 显式转换原则

习 题 三

一、单选题

1、在 C++中，要求参加运算的数必须是整数的运算符是_____。

A. =

B. %

C. *

D. /

2、设整型变量 a 为 5，使 b 不为 2 的表达式是_____。

A. b=a/2

B. b=a%2

C. b=a>3?2:1

D. b=6-(--a)

3、下列语句不具有赋值功能的是_____。

A. a+b

B. x=1

C. a*=b

D. a++

4、执行 x=(6*7%8+9)/5;后，x 的值为_____。

A. 2

B. 3

C. 4

D. 1

5、命题"10<m<15 或 m>20"的 C++语言表达式是_____。

A. ((m>10)&&(m<15)‖(m>20))

B. ((m>20)&&(m<15)‖(m>10))

C. (m>10)‖((m<15)&&(m>20))

D. ((m>10)‖(m<15)‖(m>20))

6、设 int a=3,b=4,c=5;表达式(a+b)>c&&b==c 的值是_____。

A. 2

B. -1

C. 0

D. 1

7、若 x 是一个 bool 型变量，y 是一个值为 100 的 int 型变量，则表达式!x && y>0 的值为_____。

A. 为 true

B. 为 false

C. 与 x 的值相同

D. 与 x 的值相反

8、设变量 m, n, a, b, c, d 均为 0，执行 (m=a==b)&&(n=c==d) 后，m, n 的值是_____。

   A. 0,0
   B. 0,1
   C. 1,0
   D. 1,1

9、设 a 和 b 均为 double 型变量，且 a=5.5，b=2.5，则表达式 a+b/b 的值是_____。

   A. 6.500000
   B. 3.2
   C. 3.200000
   D. 6.5

10、设所有变量均为整型，则表达式 (e=2,f=5,e++,f++,e+f) 的值为_____。

   A. 2
   B. 9
   C. 7
   D. 5

11、设以下变量均为 int 类型，则值不等于 7 的表达式是_____。

   A. (x=y=6,x+y,x+1)
   B. (x=y=6,x+y,y+1)
   C. (x=6,x+1,y=6,x+y)
   D. (y=6,y+1,x=y,x+1)

12、在下列成对的表达式中，运算符 "+" 的意义不相同的一对是_____。

   A. 5.0+2.0 和 5.0+2
   B. 5.0+2.0 和 5+2.0
   C. 5.0+2.0 和 5+2
   D. 5+2.0 和 5.0+2

13、已知字母 'a' 的 ASCII 码为十进制数 97，且设 ch 为字符型变量，则表达式 ch='a'+4 的值为_____。

   A. 'e'
   B. 101
   C. 'd'
   D. 100

二、判断题

1、一般情况下，目数越多，优先级越高。
2、表达式 a*b>0 可以表示"a 和 b 同时为正或同时为负"。
3、C++中可以使用条件运算符进行简单的条件判断。
4、所有的表达式都有值。
5、自减运算符 "--" 可以用于变量，也可以用于常量。

6、逻辑表达式中，有些逻辑运算符可能不会被执行到。
7、数据类型的转换是自动完成的。
三、填空题
1、若已定义 int x=1,y=1;则表达式 x--&&y-- 的值是_____。
2、当 a=3，b=2，c=1 时，表达式 f=a>b>c 的值是_____。
3、C++语言在给出逻辑运算结果时，以 1 代表"真"，以 0 代表"假"。但在判断一个量是否为"真"时，以_____代表"真"。
4、表达式 3+5%(4-5/2) 的计算结果是_____。
5、设有语句 int i=2,j=3;表达式 i>=j?i+j:i-j 的结果是_____。
6、执行 int x=5,y; y=x++;后，x 的值是_____，y 的值是_____。
7、逻辑运算符"&&"连接的表达式，如果左边的计算结果为_____，右边的计算不需要进行，就能得到整个逻辑表达式的结果为 false。用逻辑运算符"‖"连接的表达式，如果左边的计算结果为_____，就能得到整个逻辑表达式的结果为 true。
8、前置++、--的优先级_____于后置++、--。
9、如果 s 是 int 型变量，且 s=6，则表达式 s%2+(s+1)%2 的值为_____。
10、如果 int a=2,b=3; float x=5.5,y=3.5;则表达式 (float)(a+b)/2+(int)x%(int)y 的值为_____。
11、如果 int a=6；则表达式 a*=2 运算后，a 的值为_____。

实验三　运算符和表达式

编写 C++程序，完成以下任务。

一、设变量 a、b、c、x、y 均为整型，对应的值依次为 2、3、5、1、2。
（1）计算表达式 ax^2+bx+c 的结果，结果为整型；
（2）计算表达式 $5x^3+9xy/5-xy$ 的结果，结果为整型；

二、设变量 x、y 均为整型，对应的值依次为 1、2。计算表达式 $5x^3+9xy/5-xy$ 的结果，结果为浮点型。

三、已知三位数 389，将三位数拆分为个位、十位和百位。

四、已知四位数 2023，计算四位数的前两位和后两位的和。

五、设变量 a、b、c 为整型，对应的值为 1、2、3。将三个数字合并成三位数 abc。

第四章 顺序结构

学习目标：
1、掌握 C++语句的写法；掌握注释语句的用法。
2、掌握数据输入 cin 和数据输出 cout。
3、利用顺序结构编写程序。
建议学时：1 学时
教师导读：
1、本章要求考生在编写程序时，熟练掌握语句的写法；养成在程序中添加注释的好习惯。
2、要求考生在程序中熟练使用 cin 和 cout，利用顺序结构解决简单问题。

第一节 语　　句

C++程序是由一条条语句组成。程序运行过程就是逐条执行语句的过程，语句执行的次序称之为流程。语句以分号";"作为结束标志。

一、语句的分类

C++语句分为简单语句、复合语句和控制语句。

1、简单语句
定义语句、赋值语句、表达式语句和空语句都属于简单语句。例如，

```
int a = 1, b = 2;    //变量定义语句
a++;                 //表达式加分号是一条语句
b=a+1;               //赋值语句
;                    //单一的分号是空语句,作用是什么也不执行
```

2、复合语句
复合语句用一对大括号"{}"将若干条语句括起来形成一个语句块。例如，

```
{
    t = a;
    a = b;
    b = t;
}
```

3、控制语句
例如，条件语句 if、开关语句 switch、循环语句 for。

二、注释及语句的写法

注释是指在编写程序时，给语句、程序段、变量、函数等的解释和说明，其目的是让人们能够更加轻松地了解程序，提高程序的可读性。

1、注释

注释有两种形式：行注释和块注释。注释是不执行的语句。

（1）行注释：为一行添加注释。

```
//……注释内容
```

（2）块注释：为多行添加注释。

```
/*
……注释内容
*/
```

例 4-1：行注释和块注释的用法举例，代码如程序段 4-1 所示。

程序段 4-1

```cpp
#include<iostream>
using namespace std;
/*
定义符号常量 PI 圆周率
定义符号常量 R 半径
*/
#define PI 3.1415926
#define R 5
int main()
{
    double s, c;           /*s 为面积, r 为周长*/
    s = PI * R * R;        //计算圆的面积
    c = 2 * PI * R;        //计算圆的周长
    cout << s << endl;     //输出面积
    cout << c;             //输出周长
    return 0;
}
```

2、语句的写法

（1）书写自由，一行可以写一条语句。例如，t = a;

（2）一行也可以写多条语句。例如，t = a, a = b, b = t;

也可以：t = a; a = b; b = t;

（3）使用空格或 TAB 来合理地间隔、缩进、对齐。

第二节　标准输入输出

一个典型的程序应该具有人机交互功能。即程序能够接收用户从键盘输入的数据，程序执行完毕后又能够输出结果，将相关信息反馈给用户。这就是程序的输入和输出。

标准输入输出指系统指定的标准设备的输入输出，即从键盘输入，在显示器屏幕上输出。

C++语言的输入输出操作是用流对象（stream）实现的。若在程序中使用流对象 cin 和 cout，应该将标准输入输出流库的头文件<iostream>包含到源文件中，即在程序前面需加两条语句：

```
#include<iostream>
using namespace std;
```

一、数据输入

语法格式如下。

```
cin>>变量1>>变量2>>……>>变量n;
```

1、cin 代表键盘，">>"是提取运算符。从键盘提取数据分别给各变量，即输入各变量的值；

2、变量可以是任意类型；表达式间必须用">>"分隔。

3、cin 输入时，为了分隔多项数据，输入数据之间用空格、Tab 键、回车作为分隔符。

二、数据输出

语法格式如下。

```
cout<<表达式1<<表达式2<<……;
cout<<表达式1<<表达式2<<……<<endl;
```

注意：endl 的最后一个字符是小写英文字符 l，而不是数字 1。

1、cout 代表显示器，"<<"是插入运算符。将各表达式的值插入到显示器屏幕上，即输出各表达式的值。

2、表达式可以是任意类型，表达式之间必须用"<<"分隔。数据的输出格式由系统自动决定；

3、"endl"是格式控制符，作用是换行。cout 结尾加"<<endl"会换行输出，程序后面再用 cout 输出时就会在下一行开始输出；如果不加，就会继续在当前行输出。

例 4-2：输入输出示例，代码如程序段 4-2 所示。

程序段 4-2

```
#include<iostream>
using namespace std;
```

```cpp
int main( )
{
    int a;                                  //定义整型变量 a
    float b;                                //定义浮点型变量 b
    char c, d;                              //定义字符变量 c 和 d
    cout << "请输入字符变量 c 的值(小写字符):";   //输出提示信息
    cin >> c;                               //输入英文小写字符
    d = c - 'a' + 'A';                      //同一个英文字符的大小写 ASCII 值相差 32
    cout << d << endl;                      //输出英文大写字符
    cout << "请输入变量 a 和 b 的值:";         //输出提示信息
    cin >> a >> b;                          //输入两个变量
    cout << a << " " << b << endl;          //输出两个变量，空格隔开
    cout << "a=" << a << ",b=" << b << endl; //输出两个变量
    cout << "a+b=" << a + b << endl;        //输出 a+b 的结果
    return 0;
}
```

输入数据之间用空格作为分隔符，运行结果如图 4-1 所示。

```
Microsoft Visual Studio 调试控制台
请输入字符变量c的值(小写字符):x
X
请输入变量a和b的值:10 5.78
10 5.78
a=10,b=5.78
a+b=15.78
```

图 4-1　运行结果

第三节　顺 序 结 构

程序有三种控制结构：顺序结构、选择结构和循环结构。

顺序结构是最简单的控制结构，语句按照从上到下的顺序依次执行。

例 4-3：顺序结构示例程序。从键盘上输入两个整数，计算并输出两个数的加、减、乘和除的运算结果。加减乘的结果为整数，除的结果为浮点数。代码如程序段 4-3 所示。

程序段 4-3

```cpp
#include<iostream>
using namespace std;
int main( )
{
    int a, b, he, cha, ji;          //两个整数、和、差、积都为整型
    double shang;                   //商为浮点型
    cin >> a >> b;                  //输入两个整数
    he = a + b;                     //计算整数之和
    cha = a - b;                    //计算整数之差
    ji = a * b;                     //计算整数之积
```

```
        shang = 1.0 * a / b;                              //计算整数之商
        cout << a << "+" << b << "=" << he << endl;       //输出和
        cout << a << "-" << b << "=" << cha << endl;      //输出差
        cout << a << "*" << b << "=" << ji << endl;       //输出积
        cout << a << "/" << b << "=" << shang << endl;    //输出商
        return 0;
    }
```

程序运行结果如图 4-2 所示。

```
🖥 Microsoft Visual Studio 调试控制台
2 3
2+3=5
2-3=-1
2*3=6
2/3=0.666667
```

图 4-2 整数加减乘除运行结果

本 章 小 结

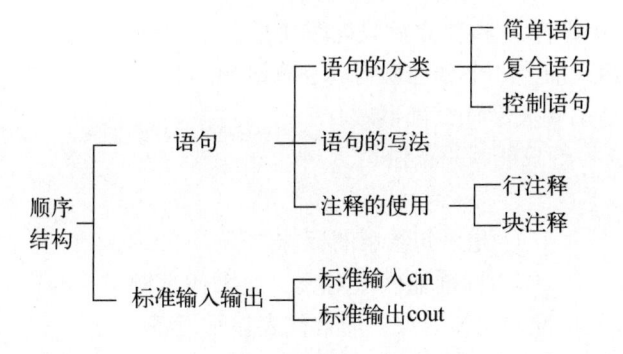

顺序结构
├── 语句
│   ├── 语句的分类
│   │   ├── 简单语句
│   │   ├── 复合语句
│   │   └── 控制语句
│   ├── 语句的写法
│   └── 注释的使用
│   ├── 行注释
│   └── 块注释
└── 标准输入输出
    ├── 标准输入 cin
    └── 标准输出 cout

习 题 四

一、单选题

1、输入输出是在哪个头文件中定义的？ ＿＿＿＿＿＿

    A. iostream.h

    B. iomanip.h

    C. istream.h

    D. ostream.h

2、通过 cin 语句为多个变量输入数据时，不能用＿＿＿＿＿＿分隔多个数据。

    A. 回车

    B. 逗号

    C. 空格

    D. 制表符

3、对于语句 cout<<endl<<x;中的各个组成部分，下列叙述中错误的是_____。
    A. cout 是一个输出流对象
    B. endl 的作用是输出回车符换行
    C. x 是一个变量
    D. <<称作提取运算符

4、设有语句 int i=2,j=3;，执行语句 cout<<(i>=j?i+j:i-j);后输出的值是_____。
    A. 5
    B. -1
    C. 2
    D. 3

5、下列 C++标点符号中表示行注释开始的是_____。
    A. #
    B. ;
    C. //
    D. }

二、判断题

1、在 C++语言中，注释语句是可执行语句。
2、cin 后的提取运算符">>"之后只能跟变量。
3、任意一个表达式加上一个分号就构成一条语句。
4、在 C++中，空语句表示什么都不做。
5、C++程序中，一行只能写一条语句。

三、填空题

1、C++语言中，_____是语句结束的标志。
2、C++使用_____作为标准输入流对象，通常代表键盘，与提取操作符_____连用。使用_____作为标准输出流对象，通常代表显示设备，与_____连用。
3、下列 C++标点符号中表示复合语句结束的标记符是_____。
4、注释语句有行注释和_____。

实验四 顺 序 结 构

编写 C++程序，完成以下任务。
一、输入一个华氏温度（Fahrenheit），计算并输出对应的摄氏温度值（Celsius）。温度转换公式：$C=5/9(F-32)$。
二、从键盘读入两个整数，计算并输出它们的平方和。
三、从键盘输入一个学生的三门课的成绩，计算学生的平均成绩。
四、从键盘输入梯形的上底、下底和高，计算梯形面积。
五、任意输入 3 个整数，输出它们中最大的一个数。
六、输入一个两位数，将其个位数和十位数互换后变成一个新的数，输出这个数。

第五章 选择结构

学习目标：
1、掌握单分支 if 语句、双分支 if 语句、多分支 if 语句。
2、掌握 switch 语句。
3、理解条件运算符。
建议学时： 4 学时
教师导读：
1、选择结构是程序设计的一种基本结构。本章要求考生熟练掌握选择结构的应用。
2、要求考生能阅读选择结构的相关程序；并在此基础上利用选择结构编写程序解决问题。

在程序设计中，除了按照语句从上到下的顺序依次执行的顺序结构，还有根据给定的条件进行分析、比较和判断，并按判断后的不同情况进行不同处理的选择结构。本章介绍 C++ 中的选择结构，有 if 语句和 switch 语句，还有条件运算符。

第一节 if 语句

if 语句有三种形式：单分支、双分支和多分支。

一、单分支 if 语句

1、单分支 if 语句格式

```
if (条件)
{
    语句块;
}
```

说明：
（1）条件一般为关系表达式或逻辑表达式，也可以是其他类型的数据。
（2）语句块可以是一条或多条要执行的 C++语句。如果语句块中只有一条语句，也可以省略{ }。

2、单分支 if 语句执行过程
语句执行时先对条件进行判断，当条件成立，也就是条件为 true 时，执行语句块，语句块执行结束后，将接着执行 if 语句后面的语句。如果条件不成立，即条件为 false 时，则直接执行 if 语句后面的语句。流程图如图 5-1 所示。

图 5-1 单分支 if 语句的流程图

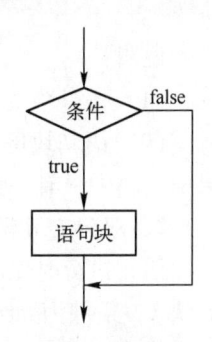

例 5-1：输出两个整数中较大的数。代码如程序段 5-1 所示。

程序段 5-1

```cpp
#include <iostream>
using namespace std;
int main( )
{
    int n1, n2;
    int max;
    cout << "输入两个整数：";
    cin >> n1 >> n2;
    max = n1;
    if ( max < n2)
    {
        max = n2;
    }
    cout << "大数是" << max << endl;
    return 0;
}
```

代码运行结果如图 5-2 所示。

图 5-2　两整数中较大的数

二、双分支 if 语句

1、双分支 if 语句格式

```
if (条件)
{
    语句块 1；
}
else
{
    语句块 2；
}
```

说明：
（1）条件为关系表达式或逻辑表达式。
（2）语句块可以是一条或多条要执行的 C++语句。如果语句块中只有一条语句，也可以省略{ }。

2、双分支 if 语句执行过程

语句执行时先对条件进行判断，当条件为 true 时执行语句块 1，条件为 false 时执行 else 后面的语句块 2。语句块 1 或语句块 2 执行结束后，将接着执行 if 语句后面的语句。流程图如图 5-3 所示。

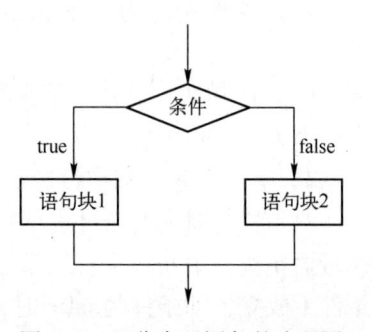

图 5-3　双分支 if 语句的流程图

每次运行程序时，语句块 1 和语句块 2 只能执行一个。

例 5-2：判断输入的数是奇数还是偶数。代码如程序段 5-2 所示。

程序段 5-2

```cpp
#include <iostream>
using namespace std;
int main( )
{
    int n;
    cout << "输入一个整数：";
    cin >> n;
    if ( n % 2 == 0)
    {
        cout << "偶数" << endl;
    }
    else
    {
        cout << "奇数" << endl;
    }
    return 0;
}
```

代码运行结果如图 5-4 所示。

图 5-4　判断奇偶数

三、多分支 if 语句

1、多分支 if 语句格式

```
if (条件 1)
{
    语句块 1;
}
else if (条件 2)
{
    语句块 2;
}
...
else if (条件 n)
{
    语句块 n;
}
[ else
{
```

语句块 n+1；
}]

说明：
（1）条件和语句块的含义与单分支 if 语句相同。
（2）else if 中间有空格。
（3）else 是可选项。

2、多分支 if 语句执行过程

语句执行时先对条件 1 进行判断，如果条件 1 为 true，则执行语句块 1，如果条件 1 为 false，则对条件 2 进行判断。如果条件 2 为 true，则执行语句块 2。以此类推，当某个条件为 true 时，就执行下面对应的语句块。如果所有的条件都为 false，而且语句有 else 项，则执行语句块 n+1，若没有 else 项，则直接执行 if 语句后面的语句。

任一语句块执行结束后，将接着执行 if 语句后面的语句。流程图如图 5-5 所示。

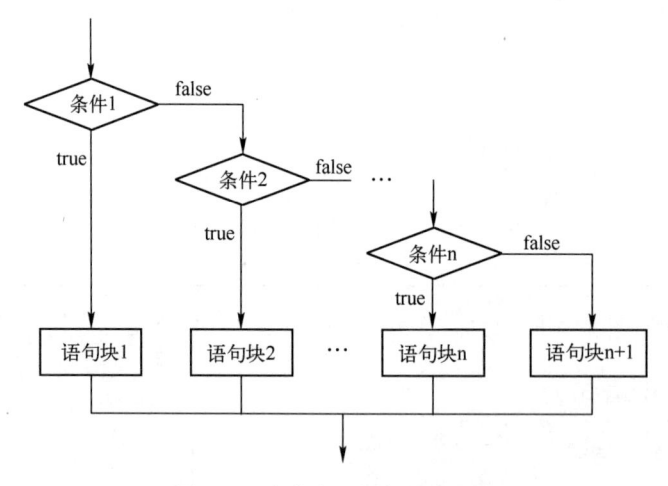

图 5-5 多分支 if 语句的流程图

例 5-3：根据输入的数值，输出对应的空气质量等级。代码如程序段 5-3 所示。

程序段 5-3

```
#include <iostream>
using namespace std;
int main( )
{
    int aqi;
    cout << "输入空气质量指数：";
    cin >> aqi;
    if ( aqi>=0 && aqi <= 50)
    {
        cout << "优" << endl;
    }
```

```
        else if ( aqi >= 51 && aqi <= 100)
        {
            cout << "良" << endl;
        }
        else if ( aqi >= 101 && aqi <= 150)
        {
            cout << "轻度污染" << endl;
        }
        else if ( aqi >= 151 && aqi <= 200)
        {
            cout << "中度污染" << endl;
        }
        else if ( aqi >= 201 && aqi <= 300)
        {
            cout << "重度污染" << endl;
        }
        else if ( aqi >300)
        {
            cout << "严重污染" << endl;
        }
        return 0;
    }
```

代码运行结果如图 5-6 所示。

3、多分支 if 语句使用说明

多分支 if 语句执行时，不管有多少个分支，都只能执行一个分支，或者一个也不执行，不能同时执行多个分支。因此即使语句中有多个条件为 true，也只执行第一个条件为 true 的分支，其他分支将不再执行。

```
Microsoft Visual Studio 调试控制台
输入空气质量指数：41
优
```

图 5-6　空气质量等级

四、if 语句的嵌套

if 语句的嵌套是指在 if 语句的语句块中包含另一个 if 语句。例如，

```
    if ( 条件 1)
    {
        语句块 1;
    }
    else
    {
        if ( 条件 2)
        {
            语句块 2;
```

```
        }
        else
        {
            语句块 3;
        }
    }
```

在 C++中，单分支 if 语句、双分支 if 语句和多分支 if 语句之间可以相互嵌套。

注意：使用 if 语句的嵌套时，内层的 if 语句必须完全包含在外层的 if 语句中，内外层结构不能交叉。多个 if 语句嵌套时，else 总是与离它最近且尚未配对的 if 进行配对。

例 5-4：根据网约车的车型及距离，计算应付的车费。不同类型的网约车起步价和计费分别为：1 类车起步价 14 元/3 公里，3 公里以上 1.5 元/公里；2 类车起步价 16 元/3 公里，3 公里以上 1.8 元/公里。代码如程序段 5-4 所示。

程序段 5-4

```cpp
#include <iostream>
using namespace std;
int main()
{
    int model, dist;
    float cost;
    cout << "输入车型: ";
    cin >> model;
    cout << "输入距离: ";
    cin >> dist;
    if (model == 1)
    {
        if (dist <= 3)
        {
            cost = 14;
        }
        else
        {
            cost = 14 + (dist - 3) * 1.5;
        }
    }
    else if (model == 2)
    {
        if (dist <= 3)
        {
            cost = 16;
        }
```

```
            else
            {
                cost = 16 + (dist - 3) * 1.8;
            }
        }
        cout << "车费是" << cost << endl;
        return 0;
    }
```

代码运行结果如图 5-7 所示。

嵌套的 if 语句一般也可以用多分支 if 语句实现，因此计算网约车费用的代码也可以如程序段 5-5 所示。

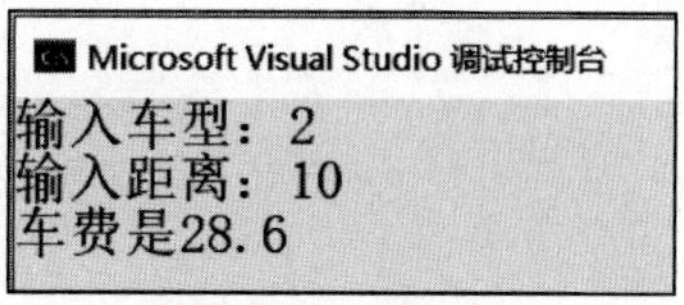

图 5-7　网约车费用

程序段 5-5

```cpp
#include <iostream>
using namespace std;
int main( )
{
    int model, dist;
    float cost;
    cout << "输入车型: ";
    cin >> model;
    cout << "输入距离: ";
    cin >> dist;
    if (model == 1 && dist <= 3)
    {
        cost = 14;
    }
    else if( model==1 && dist > 3)
    {
        cost = 14 + (dist - 3) * 1.5;
    }
    else if (model == 2 && dist <= 3)
    {
        cost = 16;
    }
    else if( model==2 && dist > 3)
    {
        cost = 16 + (dist - 3) * 1.8;
    }
    cout << "车费是" << cost << endl;
    return 0;
}
```

第二节 switch 语句

一、switch 语句

1、switch 语句格式

```
switch（表达式）
{
    case 常量表达式 1：
        语句块 1；
        [break；]
    case 常量表达式 2：
        语句块 2；
        [break；]
    …
    case 常量表达式 n：
        语句块 n；
        [break；]
    [default：
        语句块 n+1；]
}
```

说明：
（1）switch 后面的表达式是整型或枚举类型。
（2）常量表达式必须与 switch 后面的表达式类型相同，而且不能包含任何变量。
（3）break 是跳转语句，为可选项，用于跳出 switch 语句。
（4）default 通常位于所有 case 子句的后面，为可选项，每个 switch 语句最多只能有一个 default 子句。

2、switch 语句执行过程

首先计算 switch 后面表达式的值，然后依次与每个 case 子句中的常量表达式进行比较，如果匹配，就执行相应的语句块。如果表达式的值与所有的常量表达式都不匹配，则执行 default 子句的语句块，若没有default 子句，则直接执行 switch 语句后面的语句。

例 5-5：将百分制成绩转换为相应的等级。代码如程序段 5-6 所示。

程序段 5-6

```cpp
#include <iostream>
using namespace std;
int main( )
{
    int score;
    cout << "输入成绩："；
```

```cpp
        cin >> score;
        if (score >= 0 && score <= 100)
        {
            switch (score / 10)
            {
            case 10:
            case 9:
                cout << "等级 A" << endl;
                break;
            case 8:
                cout << "等级 B" << endl;
                break;
            case 7:
                cout << "等级 C" << endl;
                break;
            case 6:
                cout << "等级 D" << endl;
                break;
            default:
                cout << "等级 E" << endl;
            }
        }
        else
        {
            cout << "输入错误" << endl;
        }
        return 0;
    }
```

代码运行结果如图 5-8 所示。

3、switch 语句使用说明

（1）多个 case 子句可以共同执行同一个语句块。例如，程序段 5-6 中的语句。

图 5-8 成绩转换

```cpp
    case 10:
    case 9:
        cout << "A" << endl;
        break;
```

（2）switch 语句可以包括任意数目的 case 子句，但任何两个 case 子句都不能有相同的常量表达式值。

（3）与 if 语句不同，switch 语句中的一个语句块执行完毕后，并不会自动退出 switch 语句。如果后面没有 break 语句，将会继续执行下面 case 子句的语句块，直到遇到 break 语句或下面所有语句块全部执行完毕。

例 5-6：没有 break 的 switch 语句举例。代码如程序段 5-7 所示。

程序段 5-7

```cpp
#include <iostream>
using namespace std;
int main( )
{
    int score;
    cout<< "输入成绩:";
    cin>> score;
    if ( score >= 0 && score <= 100)
    {
        switch ( score / 10)
        {
        case 10:
        case 9:
            cout<< "等级 A" <<endl;
        case 8:
            cout<< "等级 B" <<endl;
        case 7:
            cout<< "等级 C" <<endl;
        case 6:
            cout<< "等级 D" <<endl;
        default:
            cout<< "等级 E" <<endl;
        }
    }
    else
    {
        cout<< "输入错误" <<endl;
    }
    return 0;
}
```

代码运行结果如图 5-9 所示。

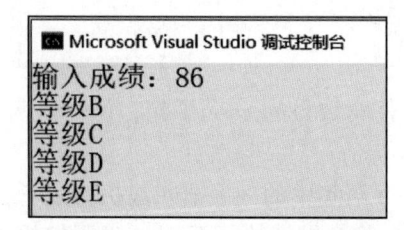

图 5-9　没有 break 的 switch 语句运行结果

二、switch 语句的嵌套

switch 语句可以相互嵌套。每个嵌套的 switch 必须完整包含在外部 switch 语句的某个 case 或 default 语句块内。

switch 语句和 if 语句也可以相互嵌套，例如程序段 5-6 中，if 语句内嵌套了 switch 语句。

第三节　条件运算符

针对简单的判断，C++提供了条件运算符。

1、条件运算符格式

> 表达式 1 ? 表达式 2 : 表达式 3

说明：
（1）表达式 1 一般为关系表达式或逻辑表达式。
（2）表达式 1、表达式 2 和表达式 3 的类型都可以不同。

2、条件运算符执行过程

首先对表达式 1 进行判断，如果值为 true，则计算表达式 2 并以它的值为整个条件表达式的运算结果；如果值为 false，则计算表达式 3 并以它的值为整个条件表达式的运算结果。两个表达式只计算其中之一。

例 5-7：对输入的字母进行大小写转换。代码如程序段 5-8 所示。

程序段 5-8

```cpp
#include <iostream>
using namespace std;
int main()
{
    char c,t;

    cin>> c;
    t = (c >= 'A' && c <= 'Z') ? c + 32 : c - 32;
    cout<< t <<endl;
    return 0;
}
```

代码运行结果如图 5-10 所示。

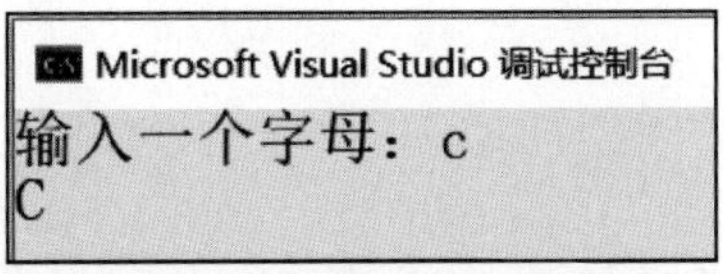

图 5-10　字母大小写转换

本 章 小 结

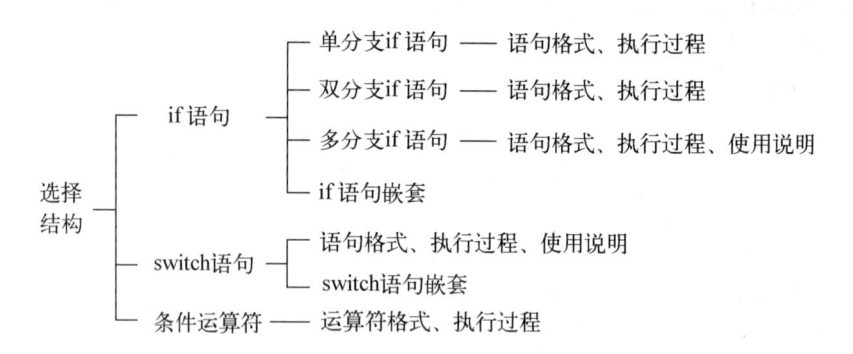

```
                    ┌─ 单分支if语句 ── 语句格式、执行过程
                    ├─ 双分支if语句 ── 语句格式、执行过程
         ┌─ if语句 ─┤
         │          ├─ 多分支if语句 ── 语句格式、执行过程、使用说明
         │          └─ if语句嵌套
选择结构 ─┤
         │              ┌─ 语句格式、执行过程、使用说明
         ├─ switch语句 ─┤
         │              └─ switch语句嵌套
         └─ 条件运算符 ── 运算符格式、执行过程
```

习 题 五

一、单选题

1、下面程序的输出结果是_____。

```cpp
#include <iostream>
using namespace std;
int main( )
{
    int a, b;
    a = 3;
    b = 6;
    if (a = b)
        cout<< a <<endl;
    return 0;
}
```

  A. 5
  B. 6
  C. 0
  D. 没有输出

2、关于 if 语句中的条件，正确的说法是_____。
  A. 必须是逻辑值
  B. 必须是整数值
  C. 必须是正数
  D. 可以是任意数值

3、C++的 if 语句中，else 总是与_____配对。
  A. 同一行的 if

B. 缩进位置相同的 if
C. 在其之前未配对的 if
D. 在其之前未配对且最近的 if

4、switch 语句中，case 后面_____。
   A. 只能是常量
   B. 只能是常量或常量表达式
   C. 可以是常量表达式或有确定值的变量表达式
   D. 可以是任何表达式

5、下列说法中正确的是_____。
   A. switch 语句中不一定使用 break 语句
   B. switch 语句中必须使用 default
   C. break 语句只能用于 switch 语句
   D. break 语句必须与 switch 语句中的 case 配对使用

二、判断题

1、多分支 if 语句不能同时执行多个分支。
2、if 语句中不仅可以嵌套 if 语句，也可以嵌套 switch 语句。
3、switch 语句的每个语句块后面必须有 break 语句。
4、switch 语句中可以有多个 default 子句。
5、条件运算符的表达式 2 和表达式 3 的类型必须相同。

三、填空题

1、下面程序的输出结果是_____。

```cpp
#include <iostream>
using namespace std;
int main( )
{
    int a = 58;
    if ( a > 50)
        cout<< "A";
    if ( a > 40)
        cout<< "B";
    if ( a > 30)
        cout<< "C";
    return 0;
}
```

2、下面程序的输出结果是_____。

```cpp
#include <iostream>
using namespace std;
int main( )
```

```
    {
        int x = 1;
        switch ( x % 3 )
        {
        case 0:cout<< 0 << ' ';
        case 1:cout<< 1 << ' ';
        case 2:cout<< 2 << ' ';
        }
        return 0;
    }
```

3、下面程序的输出结果是_____。

```
#include <iostream>
using namespace std;
int main( )
{
    int a = 10, b = 20, c = 30;
    if ( a > b)
    a = b;
    b = c;
    c = a;
    cout<< a << ' ' << b << ' ' << c <<endl;
    return 0;
}
```

4、下面程序的输出结果是_____。

```
#include <iostream>
using namespace std;
int main( )
{
    int a = 10, b = 20, c = 30;
    if ( a < b)
    {
        a = b;
        b = c;
        c = a;
    }
    cout<< a << ' ' << b << ' ' << c <<endl;
    return 0;
}
```

5、下面程序的输出结果是_____。

```
#include <iostream>
using namespace std;
int main( )
{
    int x, y;
    x = 12;
    y = x > 12 ? x + 10 : x - 12;
    cout<< y <<endl;
    return 0;
}
```

实验五　选 择 结 构

编写 C++程序，完成以下任务。

一、输入任意三个整数，输出其中最大的数。

二、输入一个整数，判断该数是否为 21 的倍数。

三、输入任意年份，判断是否为闰年。符合下列条件之一的是闰年：

（1）年份能被 4 整除，但是不能被 100 整除；

（2）年份能被 400 整除。

四、输入一个整数，判断该数的个位是否为 5。

五、输入任意分数，判断是否通过了考试。60（包含）分以上为通过考试。如果数字不在 0 到 100 之间，输出"输入错误"。

六、输出一元二次方程 $ax^2+bx+c=0$ 根的三种情况：

（1）$b^2-4ac=0$，有两个相等的实数根；

（2）$b^2-4ac>0$，有两个不等的实数根；

（3）$b^2-4ac<0$，无实数根。

七、输入三角形的三个边长值，输出三角形的类型（等腰三角形、直角三角形和一般三角形）。如果输入值不符合任意两边之和大于第三边，则输出"非三角形"。

八、输入任意字母，输出对应的小写字母。如果输入其他字符，提示输入错误。

提示：小写字母=大写字母+32。

九、计算个人收入所得税并输出。个人收入所得税起征点为 5000 元，超过的部分按如下规则计算：

应纳税所得额	税　率	速算扣除数
不超过 3000 元	3%	0
超过 3000 元至 12000 元	10%	210

(续)

应纳税所得额	税　率	速算扣除数
超过 12000 元至 25000 元	20%	1410
超过 25000 元至 35000 元	25%	2660
超过 35000 元至 55000 元	30%	4410
超过 55000 元至 80000 元	35%	7160
超过 80000 元	45%	15160

提示：如收入为 10000 元，则所得税为：(10000-5000)×10%-210=290 元。

十、根据输入的月份，输出对应的季节名称。

第六章 循环结构

学习目标：
1、掌握 while 语句、do-while 语句、for 语句。
2、掌握 break 语句；理解 continue 语句。
3、掌握循环结构在数列计算、穷举法、判断素数等方面的应用。
建议学时： 6 学时
教师导读：
1、循环结构是程序设计的一种重要结构。本章要求考生熟练掌握循环结构的应用。
2、要求考生能阅读循环结构的相关算法程序；并在此基础上利用循环结构编写程序解决问题。

顺序、选择和循环是程序设计的三种基本结构，掌握这三种结构是学好程序设计的基础。而循环结构是这三者中最复杂的一种结构，几乎所有的程序都离不开循环结构。

在编写程序时，常遇到一些操作过程不太复杂，但又需要反复进行相同处理的问题。例如，统计本单位所有人员的工资，计算全班同学各科的平均成绩等，这些问题的解决逻辑上并不复杂，但如果单纯用顺序结构来处理，那将得到一个非常乏味且冗长的程序。解决这类问题的最好办法就是循环结构，循环结构可以减少程序重复书写的工作量，用来描述重复执行某段算法的问题，这是程序设计中最能发挥计算机特长的程序结构。

C++中实现循环结构的语句有：while 循环语句、do-while 循环语句和 for 循环语句。

第一节 while 语句

一、while 语句的格式

while 语句的语法格式如下所示。

```
while（条件）
{
    循环体
}
```

二、while 语句的执行过程

while 语句执行时首先对条件进行判断，当条件成立，即条件值为 true 时，执行循环体语句。然后再重新判断条件，若仍为 true，则继续执行循环体。重复这个判断执行的过程，直到条件值为假 false 时，循环执行结束。流程图如图 6-1 所示。

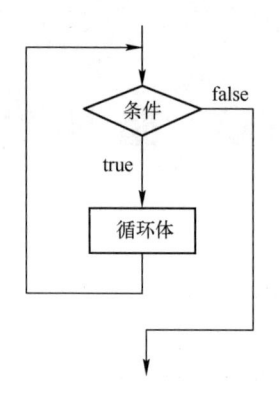

图 6-1　while 语句的流程图

三、while 语句的说明

循环条件可以是任意表达式，值为 true（非 0）或 false（0）。

循环体是每次循环重复执行的语句。它可以是一条语句，也可以是包含多条语句的语句块。如果循环体是一条语句，则大括号可以省略。

例 6-1：输入一个整数 n，计算从 1 到 n 的所有整数之和。代码如程序段 6-1 所示。

程序段 6-1

```cpp
#include <iostream>
using namespace std;
int main( )
{
    int i = 1, n, sum = 0;
    cout << "输入整数n:";
    cin >> n;
    while (i <= n)
    {
        sum = sum + i;
        i = i + 1;
    }
    cout << "1 到 n 所有整数的和为" << sum << endl;
    return 0;
}
```

代码运行结果如图 6-2 所示。

图 6-2　整数之和

程序第一次运行到 while 语句时，i 的值为 1，因此 i <= 100 成立，会执行循环体。执行结束后 i 的值变为 2，sum 的值变为 1。接下来会继续判断 i <= 100 是否成立，成立则继续执行循环体。一直重复执行到 i 的值变为 101，此时 i <= 100 不再成立，循环执行结束，转去执行 while 循环后面的语句。

使用 while 循环时必须注意，一定要保证循环条件有变成 false 的时候，否则循环语句无法结束，就会形成无限循环，即死循环。

例如，

```
i = 1;
while (i <= 100)
    cout << i;
```

因为 i 的值始终为 1，所以条件 i <= 100 也始终为 true，运行程序时会一直输出 1，永远不会结束。

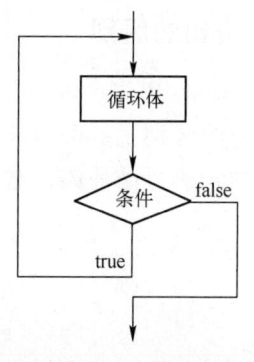

第二节　do-while 语句

一、do-while 语句的格式

do-while 语句的语法格式为如下所示。

```
do
{
    循环体
} while（条件）;
```

二、do-while 语句的执行过程

do-while 语句执行时首先执行循环体语句，然后判断条件，若条件值为 true，则再次执行循环体语句。重复这个执行判断的过程，直到条件值为 false 时循环结束。流程图如图 6-3 所示。

图 6-3　do-while 语句的流程图

三、do-while 语句的说明

循环体和条件的使用说明与 while 语句相同。

需要注意，在 do-while 语句中，while（条件）后面必须有分号，表示 do-while 语句的结束。

例 6-2：使用 do-while 语句编写程序，输入一个整数 n，计算从 1 到 n 的所有整数之和。代码如程序段 6-2 所示。

程序段 6-2

```
#include <iostream>
using namespace std;
int main()
{
    int i = 1, n, sum = 0;
    cout << "输入整数n:";
    cin >> n;
    do
    {
        sum = sum + i;
        i = i + 1;
    } while (i <= n);
    cout << "1到n所有整数的和为" << sum << endl;
    return 0;
}
```

代码运行结果如图 6-4 所示。

```
Microsoft Visual Studio 调试控制台
输入整数n: 100
1到n所有整数的和为5050
```

图 6-4　整数之和

四、do-while 语句和 while 语句的区别

通过例 6-1 和例 6-2 可以看出，while 语句和 do-while 语句的功能基本相同，大多数情况下可以互换。但是二者有一个重要的区别：while 语句先进行条件判断，如果条件为假，则循环体不执行。而 do-while 语句则先执行循环体，然后再判断条件，即使条件为假，循环体也执行了一次。

在程序段 6-1 中，while 语句如下。

```
while (i <= n)
{
```

```
        sum = sum + i;
        i = i + 1;
    }
```

执行时，i 的初值为 1，如果输入的 n 值为 0，则 i <= n 不成立，循环体不执行，sum 值为 0。

在程序段 6-2 中，do-while 语句如下。

```
    do
    {
        sum = sum + i;
        i = i + 1;
    } while (i <= n);
```

执行时，i 的初值为 1，输入 n 的值 0 后，接着执行 sum = sum + i; 语句，sum 的值变为 1，然后进行条件判断，i <= n 不成立，循环结束。

第三节　for 语句

一、for 语句的格式

for 语句的语法格式如下所示。

```
    for(表达式 1;表达式 2;表达式 3)
    {
        循环体
    }
```

二、for 语句的执行过程

for 语句的执行步骤如下。
（1）执行表达式 1。
（2）执行表达式 2。若表达式 2 的值为 true（非 0），则执行循环体；若值为 false（0），则循环执行结束。
（3）执行表达式 3。
（4）返回到步骤（2）。
流程图如图 6-5 所示。

三、for 语句的说明

表达式 1 一般用于定义和初始化循环变量，只在第一次循环时执行一次。

表达式 2 是一个结果为布尔值的表达式，用于判断继续循环还　图 6-5　for 语句的流程图

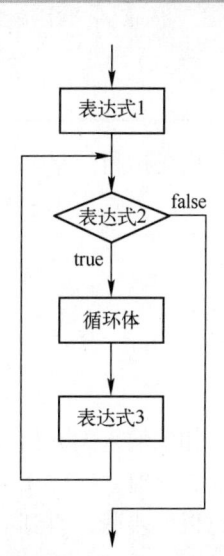

是结束循环。

表达式 3 一般用于将循环变量增加或减少,以确保循环可以结束。

循环体可以是一条语句,也可以是多条语句的语句块。如果循环体是多条语句,必须用大括号 {} 括起来;如果循环体是一条语句,也可以不用大括号。

因此,for 语句的格式也可以写为以下形式。

```
for(循环变量初始化;循环条件;循环变量自增或自减)
{
    循环体
}
```

例 6-3:输入整数 n,计算 $1+\dfrac{1}{3}+\dfrac{1}{5}+\cdots+\dfrac{1}{2n-1}$。代码如程序段 6-3 所示。

程序段 6-3

```cpp
#include <iostream>
#include<iomanip>
using namespace std;
int main( )
{
    int i, n;
    float sum = 0;
    cout << "输入整数n:";
    cin >> n;
    for (i = 1;i <= n;i++)
        sum = sum + 1.0 / (2 * i - 1);
    //结果保留2位小数输出
    cout << "计算结果为:" << fixed << setprecision(2) << sum << endl;
    return 0;
}
```

代码运行结果如图 6-6 所示。

```
Microsoft Visual Studio 调试控制台
输入整数n: 10
计算结果为: 2.13
```

图 6-6 计算结果

如果输入的 n 值为 10,程序执行到 for 语句时,先给 i 赋初值 1,然后判断 i <= n 是否成立,此时 i = 1, n = 10, i <= n 成立,所以执行循环体。循环体结束后再执行 i++。重复执行以上步骤,直到 i 的值变为 11, i <= n 不成立,循环结束。

四、for 语句的表达式

for 语句中的表达式 1、表达式 2 和表达式 3 都可以省略。

1、省略表达式 1
如果在 for 语句之前已经给循环变量赋了初值，则表达式 1 可以省略，但是后面的分号不能省略。

例如，

```
i = 1;
for ( ;i <= n;i++)
    sum = sum + 1.0 / (2 * i - 1);
```

2、省略表达式 2
表达式 2 是判断循环是否结束的条件，如果省略表达式 2，循环将不会结束，成为死循环。

例如，

```
for (i = 1; ;i++)          //死循环
    sum = sum + 1.0 / (2 * i - 1);
```

3、省略表达式 3
如果循环体中有改变循环变量的语句，则表达式 3 可以省略。

例如，

```
for (i = 1;i <= n;)
{
    sum = sum + 1.0 / (2 * i - 1);
    i = i + 1;
}
```

4、省略多个表达式
也可以同时省略 for 语句中的两个表达式。

例如，

```
i = 1;
for ( ;i <= n;)
{
    sum = sum + 1.0 / (2 * i - 1);
    i = i + 1;
}
```

同时省略了表达式 1 和表达式 3，相当于如下的 while 语句。

```
i = 1;
while (i <= n)
```

```
    {
        sum = sum + 1.0 / (2 * i - 1);
        i = i + 1;
    }
```

甚至三个表达式可以都省略，for 后面的括号里只有两个分号。
例如，

```
for ( ; ; )
```

相当于语句：

```
while (true)
```

循环会一直执行不结束。

第四节　循　环　嵌　套

一、循环嵌套的语句格式

在一个循环体内包含另一个完整的循环，这样的结构称为多重循环或循环的嵌套。在程序设计时，许多问题要用二重或多重循环才能解决。

while 语句、do-while 语句、for 语句都可以互相嵌套。

例如，下面是 for 语句嵌套 for 语句的形式。

```
for (i = 1; i <= 10; i++)
{
    for (j = 1; j <= 5; j++)
    {
        循环体
    }
}
```

下面是 while 语句嵌套 for 语句的形式。

```
while (n > 10)
{
    for (a = 1; a <= 5; a++)
    {
        循环体
    }
}
```

二、循环嵌套的执行过程

循环嵌套结构的执行过程为：

（1）外层循环条件为 true 时，执行外层循环结构中的循环体；

（2）外层循环体中包含的内层循环的循环条件为 true 时，执行内层循环中的循环体，直到内层循环条件为 false，跳出内层循环；

（3）如果此时外层循环的条件仍为 true，则返回第 2 步，继续执行外层循环体，直到外层循环的循环条件为 false；

（4）当内层循环的循环条件为 false，并且外层循环的循环条件也为 false，则整个循环嵌套结束执行。

也就是，每执行一次外层循环，内层循环必须循环完所有的次数，然后才能进入外层循环的下一次循环。

例如，

```
for (i = 1;i <= 10;i++)
{
    for (j = 1;j <= 5;j++)
    {
        循环体
    }
}
```

外层 for 语句第一次循环时，i 的值为 1，内层 for 语句要循环 5 次，j 的值从 1 变到 5，然后内层 for 循环结束，接着执行外层 for 语句的 i++。此时外层 for 语句的第一次循环结束。

外层 for 第二次循环时，i 的值为 2，内层 for 语句还是要循环 5 次，j 的值依旧从 1 变到 5，接下来执行 i++，外层 for 语句的第二次循环结束。

以此类推，外层 for 语句执行 1 次，内层 for 语句就要执行 5 次。

三、循环嵌套的使用说明

循环嵌套时，内层循环必须完全包含在外层循环中，两层循环不能交叉。

外层循环和内层循环的循环变量不能使用同一个变量。

例 6-4：编程解决百钱百鸡问题：一只公鸡五钱，一只母鸡三钱，三只小鸡一钱，要用百钱买百鸡，输出公鸡、母鸡、小鸡各自的数量。代码如程序段 6-4 所示。

程序段 6-4

```cpp
#include <iostream>
using namespace std;
int main( )
{
    int a, b, c;
    for (a = 0;a <= 100;a++)
```

```
            for ( b = 0;b <= 100;b++)
                for ( c = 0;c <= 100;c = c + 3)
                    if (a + b + c == 100 && a * 5 + b * 3 +c / 3 == 100)
                        cout << "公鸡" << a << ",母鸡" << b << ",小鸡" << c << endl;
    return 0;
}
```

代码运行结果如图 6-7 所示。

```
Microsoft Visual Studio 调试控制台
公鸡0,   母鸡25,  小鸡75
公鸡4,   母鸡18,  小鸡78
公鸡8,   母鸡11,  小鸡81
公鸡12,  母鸡4,   小鸡84
```

图 6-7 百钱买百鸡

程序段 6-4 解决百钱百鸡问题使用的是穷举法。穷举法又称枚举法，是程序设计中的一种常用算法，它对所有可能出现的情况进行判断，从中找出符合条件的结果。

根据问题的描述，可以计算出公鸡的数量最多是 20 只，母鸡的数量最多是 33 只，因此可以对程序段 6-4 中的循环进行优化，从而减少循环次数，提高运行效率。

优化后的循环嵌套如下。

```
for ( a = 0;a <= 20;a++)
    for ( b = 0;b <= 33;b++)
        for ( c = 0;c <= 100;c = c + 3)
```

第五节 break 语句和 continue 语句

C++提供了两个可以控制循环流程的语句：break 语句和 continue 语句。

一、break 语句

break 语句用于 while 语句、do-while 语句、for 语句中时，可以立即结束当前循环的执行，跳出当前所在的循环结构而执行循环后面的语句。

break 语句一般与 if 语句搭配使用，表示在某种条件下提前结束循环。

例如，

```
for (i = 1;i <= 10;i++)
{
    if (i % 3 == 0)
        break;
    cout << i << ' ';
}
```

以上程序段的运行结果为 1 2，因为在 i 的值为 3 时执行了 break 语句，从而结束了整个循环的执行。

例 6-5：判断输入的整数是否为素数。代码如程序段 6-5 所示。

程序段 6-5

```cpp
#include <iostream>
using namespace std;
int main( )
{
    int i, n;
    cout << "输入一个整数:";
    cin >> n;
    for ( i = 2;i < n;i++)
        if ( n % i == 0)
            break;
    if ( i == n)
        cout << "是素数" << endl;
    else
        cout << "不是素数" << endl;
    return 0;
}
```

代码运行结果如图 6-8 所示。

图 6-8　判断素数

素数就是除了 1 和该数本身外，不能被其他任何整数整除的自然数。判断素数的算法是：对于自然数 n，依次用 n 除以 2 到 n-1 之间的自然数，若都除不尽，则可判定 n 是素数。

另外，break 语句也可以用在循环嵌套中，不过使用时需要注意，break 语句只能结束其所在循环的执行，而不能结束所有循环的执行。

例如，

```cpp
for (i = 1;i <4;i++)
{
    cout << "i=" << i << endl;
    for (j = 1;j < 4;j++)
```

```
        {
            if (i * j == 6)
                break;
            cout << "j=" << j << ' ';
            cout << i << " * " << j << " = " << i * j << endl;
        }
    }
```

以上程序段运行结果如图 6-9 所示。

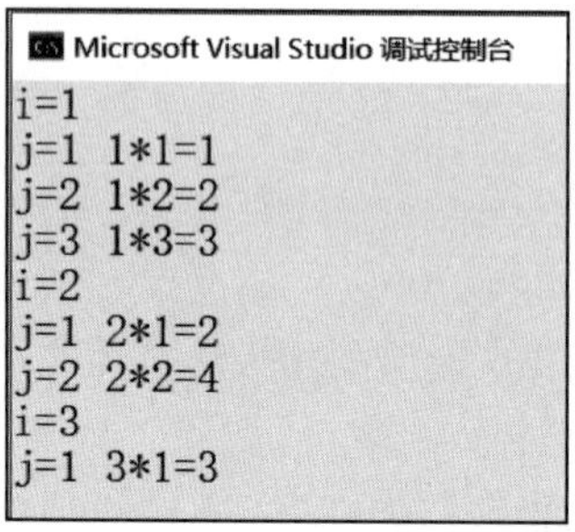

图 6-9 循环嵌套中的 break 语句

当循环执行到 i = 2 并且 j = 3 时，条件 i * j == 6 为 true，则执行 break 语句，结束内层循环（j 为循环变量）的执行，但是并不能同时结束外层循环（i 为循环变量）的执行，因此程序流程会继续进入 i = 3 的运行。

二、continue 语句

continue 语句用于 while 语句、do-while 语句、for 语句中时，仅结束本次循环，跳过循环中的剩余语句，然后继续执行下一次循环。continue 语句也常与 if 语句一起使用，用来加速循环。

例如，

```
    for (i = 1;i <= 10;i++)
    {
        if (i % 3 == 0)
            continue;
        cout << i << ' ';
    }
```

以上程序段的运行结果为 1 2 4 5 7 8 10，因为在 i 的值为 3、6 和 9 时都执行了 continue 语句，终止当次循环，跳过了其后面的 cout 语句，但是整个循环结构并没有结束，会从 i 的下一个值继续运行。

本 章 小 结

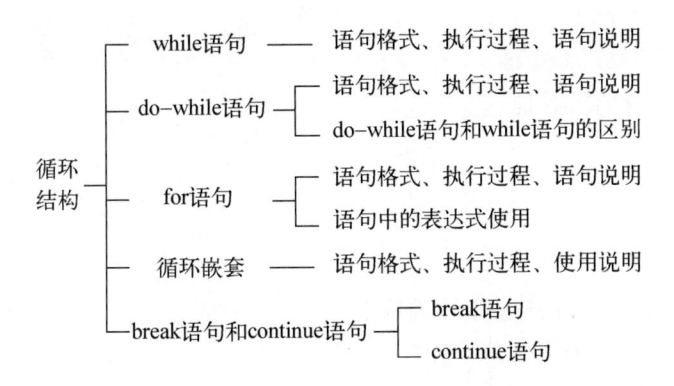

```
                ┌─ while语句 ──── 语句格式、执行过程、语句说明
                │                 ┌─ 语句格式、执行过程、语句说明
                ├─ do-while语句 ──┤
                │                 └─ do-while语句和while语句的区别
  循环           │              ┌─ 语句格式、执行过程、语句说明
  结构  ─────────┼─ for语句 ────┤
                │              └─ 语句中的表达式使用
                ├─ 循环嵌套 ───── 语句格式、执行过程、使用说明
                │                            ┌─ break语句
                └─ break语句和continue语句 ──┤
                                             └─ continue语句
```

习 题 六

一、单选题

1、下列 while 语句和 do-while 语句的说法中正确的是_____。

    A. while 语句的循环体至少会执行一次

    B. do-while 语句的循环体至少会执行一次

    C. do-while 语句的循环体只能包含一条语句

    D. while 语句和 do-while 语句的（条件）后面都没有分号

2、若有程序段

```
int x = 1;
do
{
    x = x * x;
} while ( !x );
```

下列说法正确的是_____。

    A. 死循环

    B. 循环执行一次

    C. 循环执行两次

    D. 有语法错误

3、语句 for (i = 1; i < 10; i++); 执行后，i 的值是_____。

    A. 9

    B. 10

    C. 11

    D. 12

4、程序段

```
int k = 10;
while (k == 0)
    k = k - 1;
```

中 while 语句执行的次数是_____。

A. 0

B. 1

C. 10

D. 无限次

5、语句 for(表达式1;;表达式3)等价于_____。

A. for(表达式1;0;表达式3)

B. for(表达式1;1;表达式3)

C. for(表达式1;表达式1;表达式3)

D. for(表达式1;表达式3;表达式3)

6、程序段

```
for (i = 0, j = 3; i <= j; i = i + 2, j--)
    cout << i << endl;
```

中循环体的执行次数是_____。

A. 3

B. 2

C. 1

D. 0

7、语句 while(!a)等价于_____。

A. while(a==0)

B. while(a!=1)

C. while(a!=0)

D. while(a==1)

二、判断题

1、如果 while 语句的循环体只有一条语句，则大括号可以省略。

2、while 语句和 do-while 语句的执行结果完全相同。

3、for 语句中的三个表达式都可以省略。

4、for 语句里面只能嵌套 for 语句。

5、continue 语句可以结束整个循环语句的执行。

三、填空题

1、在 do-while 语句中，while(条件)后面必须有_____。

2、下面程序的输出结果是_____。

```
#include <iostream>
using namespace std;
```

```
int main( )
{
    int x = 3;
    do
    {
        cout << x--;
    } while ( !x);
    return 0;
}
```

3、下面程序的输出结果是_____。

```
#include <iostream>
using namespace std;
int main( )
{
    int i, j, a = 0;
    for (i = 0;i < 2;i++)
        for (j = 4;j >= 0;j--)
            cout << '*';
    return 0;
}
```

4、下面程序的输出结果是_____。

```
#include <iostream>
using namespace std;
int main( )
{
    int a, b;
    for (a = 1, b = 1;a <= 100;a++)
    {
        if (b >= 10)
            break;
        if (b % 3 == 1)
        {
            b = b + 3;
            continue;
        }
    }
    cout << a << endl;
    return 0;
}
```

5、下面程序的输出结果是_____。

```
#include <iostream>
using namespace std;
int main( )
{
    int n = 9;
    while (n > 6)
    {
        n--;
        cout << n;
    }
    return 0;
}
```

实验六 循 环 结 构

编写 C++程序，完成以下任务。

一、输入整数 n 的值，计算 5+10+15+……+（不超过 n）并输出。

二、输入整数 m 和 n 的值，计算 m 和 n 之间所有奇数的和并输出。

三、输入整数 n 的值，计算 n! 并输出。

四、输入整数 n 的值，计算 $1-\frac{1}{3}+\frac{1}{5}-\frac{1}{7}\cdots$，最后一项的分母不超过 n，输出结果时保留 2 位小数。

五、输入整数 m 和 n 的值，统计 m 和 n 之间能被 7 整除的数字个数并输出。

六、输入一个整数，输出该整数的位数。

七、输入 10 个整数，计算所有能被 3 整除的数的和并输出。

八、输入 10 个整数，输出其中最大的数。

九、输出九九乘法口诀表。

十、输入两个整数，输出最大公约数。

十一、有鸡兔同笼，上有三十五头，下有九十四足，问鸡兔各几何。

十二、一个袋子里装有 3 个红球、5 个白球和 6 个黑球，要任意取出 8 个球，并且其中必须有白球，输出可能的方案总数。

十三、猴子第一天摘了若干个桃子，吃了一半，然后又多吃了 1 个。第二天将剩余的桃子又吃掉一半，并且又多吃了 1 个。此后每天都是吃掉前一天剩下的一半又多一个。到第 n 天时，只剩下 1 个桃子，输出第一天桃子的总数，天数 n 从键盘输入。

十四、输入整数 n 的值，统计 n 以内素数的个数并输出。

第七章　数　　组

学习目标：
1、理解数组的概念；掌握一维数组的定义、引用、初始化和赋值。
2、掌握数组在数值计算、数据查找、数据统计、数据排序等方面的应用。
3、了解二维数组的定义、初始化和变量的赋值方法。

建议学时： 4 学时

教师导读：
1、数组是常用的一种构造数据类型，它能存储和处理大批量的数据。
2、本章要求考生建立数组的概念，熟练掌握一维数组的应用。
3、要求考生能阅读数组的相关算法程序；并在此基础上，利用一维数组编写程序解决问题。

第一节　一 维 数 组

在 C++语言中，如果输入输出 3 个学生的成绩，可以定义 3 个变量。如果输入输出 100 个学生的成绩，可以定义 100 个变量。但是，在解决实际问题时，用这样的简单变量来处理批量的数据，程序会很冗余，效率比较低。

数组可以对类型相同、操作相同的批量数据进行整体处理。

一、数组的概念

数组是一组数据类型相同的变量的集合。数组的特点如下。
1、数组是一种数据类型，属于构造类型；
2、数组用一个名字即数组名来表示大批量数据；
3、数组中每个数据称为数组元素；
4、每个数组元素的数据类型是相同的。

二、一维数组的定义

使用数组时，必须遵循"先定义后使用"的原则。数组定义的语法格式：

> 数据类型 数组名[常量表达式]；

语法说明：
（1）数据类型指明了数组中数组元素的类型，可以是 int、float、double、char 等类型。
（2）数组名是数组的标识，它的命名同变量的命名规则相同。
（3）常量表达式用中括号"[ ]"括起来，表示数组中元素的个数，称为数组长度。常量表达式的值必须为正整数且大于等于 1，也可以是常变量。

例如，

```
int a[10];                    //定义数组 a，数组类型为整型，包含 10 个数组元素
float b[100];                 //定义数组 b，数组类型为浮点型，包含 100 个数组元素
int x, y[10];                 //定义变量简单变量 x 和数组 y
const int N = 5; int a[N];    //N 为常变量
```

三、一维数组的引用

数组定义后即可使用，但是整个数组不允许进行赋值运算、算术运算、输入输出等操作，只有对数组元素操作才可以。

数组元素相当于同类型的普通变量，可参与该类型变量允许的一切操作。数组元素可以通过数组名加下标进行引用，语法格式：

```
数组名[下标]
```

例如，

```
int a[100];
```

数组包含 100 个数组元素，用 a[0]、a[1]、…、a[99]来表示 100 个数组元素。a[0]对应第 1 个数据元素，a[99]对应第 100 个数据元素。

每个数组元素都有一个下标（下标也称为索引），一个有 n 个元素的数组，其下标从 0 到 n-1。第一个元素的下标为 0，最后一个元素的下标为 n-1。

注意：引用数组元素时，下标如果超出了取值范围，即不在 [0：n-1] 范围之间，这种错误称为下标越界。C++语言中，编译器不会检查"下标越界"这种错误，这种错误会产生不可预期的结果，比如结果异常，死循环等。所以在编程中，应当养成良好的编程习惯，避免这样的错误发生。

四、一维数组的初始化

定义数组后，必须给数组元素赋值，否则数组元素的值是随机的。

数组的初始化就是在数组定义的同时，给数组元素赋初值。初始化的语法格式如下。

```
数据类型 数组名[常量表达式]={初值列表};
```

1、全部初始化

初值列表提供的元素个数等于数组长度。例如，

```
int a[10] = {1,2,3,4,5,6,7,8,9,10};
```

定义数组的同时将数组元素全部初始化，a[0] = 1、a[1] = 2、…、a[9] = 10。

数组元素全部初始化，数组长度可以省略。例如，

```
int a[] = {1,2,3,4,5,6,7,8,9,10};
```

根据初值列表中数据的个数，自动定义数组 a 的大小为 10。

2、部分初始化

初值列表提供的元素个数小于数组长度，则只初始化前面的数组元素，剩余的元素初始化为 0。例如，

```
int a[10] = {1,2,3,4,5};
```

前面 5 个数组元素初始化，a[0]=1、a[1]=2、a[2]=3、a[3]=4、a[4]=5。剩余的 5 个元素都为 0，a[5]=0、a[6]=0、a[7]=0、a[8]=0、a[9]=0。

```
int a[10] = {};
```

将 10 个数组元素全部初始化为 0。

五、一维数组的赋值

数组元素的赋值除了数组初始化，还有两种方法：单个赋值和整体赋值。

1、单个赋值：使用下标给数组元素赋值

```
数组名[下标]=值；
```

例如，

```
int a[100];              //定义数组变量 a
a[0] = 11;               //将数组 a 的第 1 个元素 a[0]赋值 11
a[1] = 22;               //将数组 a 的第 2 个元素 a[1]赋值 22
a[99] = 33;              //将数组 a 的第 100 个元素 a[99]赋值 33
a[100] = 55;             //数组元素下标越界错误
```

2、整体赋值：使用 for 循环为数组元素赋值

```
for(i=0;i<数组长度;i++)
{
    数组名[下标]=值；
}
```

例 7-1：使用 for 循环，为数组元素赋值，并且输出数组元素。代码如程序段 7-1 所示。注意：在操作数组时，经常需要依次访问数组中的每个元素，这种操作称作数组的遍历。数组遍历可以使用 for 循环来实现。

程序段 7-1

```cpp
#include<iostream>
using namespace std;
int main()
```

```
{
    int i, a[10];
    for (i = 0; i < 10; i++)              //用for循环为数组元素赋值
    {
        a[i] = i * 10;                    //数组元素的值为：下标 * 10
    }
    for (i = 0; i < 10; i++)              //数组遍历，输出数组元素
    {
        cout << a[i] << " ";              //数据在一行输出，空格隔开
    }
    return 0;
}
```

运行结果如图 7-1 所示。

例 7-2：使用 for 循环，从键盘输入数据为数组元素赋值，并且输出数组元素。代码如程序段 7-2 所示。

程序段 7-2

```
#include<iostream>
using namespace std;
int main( )
{
    int i, a[10];
    for (i = 0; i < 10; i++)              //用for循环为数组元素赋值
        cin >> a[i];                      //从键盘输入数组元素的值
    for (i = 0; i < 10; i++)              //数组遍历，输出数组元素
    {
        cout << a[i] << endl;             //一行输出一个数组元素
    }
    return 0;
}
```

运行结果如图 7-2 所示。

图 7-1 "数组元素赋值" 运行结果（1）

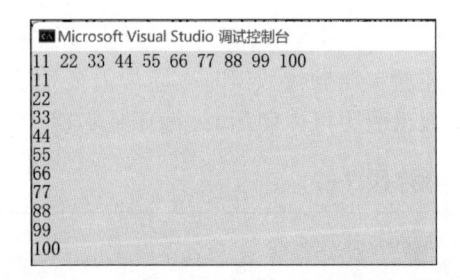

图 7-2 "数组元素赋值" 运行结果（2）

第二节　一维数组的应用

数组的应用非常广泛，比如数值计算、获取最值、排序、统计、查找等操作，灵活使用数组对实际开发非常重要。

一、平均值

例 7-3：输入 10 位同学的成绩，求平均分并且统计大于平均分的人数。代码如程序段 7-3 所示。

分析：将 10 位同学的成绩存储在数组 a 中，求总分及平均分；对数组元素进行遍历，如果大于平均分，人数增加 1。

程序段 7-3

```cpp
#include<iostream>
using namespace std;
int main()
{
    float a[10], total = 0, average;        //total 总分, average 平均分
    int i, count = 0;                       //count 表示人数

    //输入10个成绩,并且求和
    for (i = 0; i < 10; i++)
    {
        cin >> a[i];
        total = total + a[i];
    }
    average = total / 10;                   //求平均分
    cout << "平均分:" <<average<< endl;     //输出平均分

    //10个成绩逐一和平均分比较大小,统计人数
    for (i = 0; i < 10; i++)
    {
        if (a[i] >average)
            count = count + 1;              //人数累加1
    }
    cout << "大于平均分的人数:" <<count<< endl; //输出平均分
    return 0;
}
```

运行结果如图 7-3 所示。

```
┌─────────────────────────────────────────┐
│ ◼ Microsoft Visual Studio 调试控制台     │
│ 87 80 78 56 67 88 83 90 92 100          │
│ 平均分：82.1                             │
│ 大于平均分的人数：6                       │
└─────────────────────────────────────────┘
```

图 7-3 "平均值"运行结果

二、最大值、最小值和极差

例 7-4：输入 10 个整数，求最大值、最小值和极差（最大值-最小值）。代码如程序段 7-4 所示。

分析：假定数组中的第 1 个元素为最大值和最小值，并将其赋值给 max 和 min；然后对数组中的其他元素进行遍历，如果发现比 max 值大的元素，就将最大值 max 设置为这个元素的值；如果发现比 min 值小的元素，就将最小值 min 设置为这个元素的值；当数组遍历完成后，max 中存储的就是数组中的最大值，min 中存储的就是最小值。

程序段 7-4

```cpp
#include<iostream>
using namespace std;
int main( )
{
    int a[10], max, min;        //max 表示最大值，min 表示最小值
    int i;
    //for 循环给数组元素赋值
    for (i = 0; i < 10; i++)
        cin >> a[i];
    max = a[0], min = a[0];     //假设第一个数组元素就是最大值和最小值

    //for 循环遍历数组，判断大小
    for (i = 1; i < 10; i++)
    {
        if (a[i] > max)         //如果大于 max, 将大数赋给 max;
            max = a[i];
        if (a[i] < min)         //如果小于 min, 将小数赋给 min
            min = a[i];
    }
    //遍历结束后，max 中就是最大值，min 中就是最小值
    cout << max << " " << min << " " << max - min << endl;
    return 0;
}
```

运行结果如图 7-4 所示。

```
Microsoft Visual Studio 调试控制台
23  4  65  89  3  232  89  12  90  56
232  3  229
```

图 7-4 "最大值、最小值和极差"运行结果

三、斐波那契数列

例 7-5：输出斐波那契数列的前 20 项。代码如程序段 7-5 所示。

分析：斐波那契数列的第 1 项是 1，第 2 项是 1，第 3 项为前两项的和，以此类推第 4 项就是第 2、3 项的和。数列的值是：1 1 2 3 5 8 13 21 34 55……。利用数组下标之间的关系来实现斐波那契数列的递推公式，更直观方便。

程序段 7-5

```cpp
#include<iostream>
using namespace std;
int main( )
{
    int i,a[20];
    //for 循环构造斐波那契数列
    for (i = 0; i < 20; i++)
    {
        if (i == 0 || i == 1)          //第1项和第2项都为1
            a[i] = 1;
        else
            a[i] = a[i-1] + a[i-2];    //从第3项开始，每项都是前两项的和
    }

    //for 循环输出斐波那契数列
    for (i = 0; i < 20; i++)
        cout << a[i] << " ";
    return 0;
}
```

运行结果如图 7-5 所示。

```
Microsoft Visual Studio 调试控制台
1  1  2  3  5  8  13  21  34  55  89  144  233  377  610  987  1597  2584  4181  6765
```

图 7-5 "斐波那契数列"运行结果

四、查找

例 7-6：已知数组 int a[10] = {1,3,5,9,11,13,15,19,23,25}，从键盘上输入一个自然

数 n，若 n 在集合 a 中，则输出 n 在 a 中的位置，否则输出"无此数"。代码如程序段 7-6 所示。

分析：循环遍历数组元素，根据 flag 的值判断查找的数据是否存在。

程序段 7-6

```cpp
#include<iostream>
using namespace std;
int main()
{
    int n, a[10] = { 9,51,17,72,28,32,19,56,89,92 };
    int flag = 0;                                    // 立 flag 标记，值为 0
    cin >> n;
    //数组遍历，查找 n
    for (int i = 0; i < 10; i++)
    {
        if (n == a[i])                               // 判断 n 是否等于数组元素
        {
            flag = 1;                                // 找到，flag 值变为 1
            cout << "第" << i + 1 << "个位置";        //输出位置
            break;
        }
    }
    //遍历结束，判断 flag 的值是否为 0，为 0 表示没找到
    if (flag == 0)
        cout << "无此数";
    return 0;
}
```

运行结果如图 7-6 所示。

图 7-6 "查找"运行结果

五、排序

例 7-7：输入 10 个整数，从小到大进行排序。用冒泡排序法实现。代码如程序段 7-7 所示。

分析：排序是程序设计中的典型问题，它有很广泛的应用，排序就是将一个无序的数据序列调整为有序序列。常见的排序方法有：冒泡排序法、选择排序法、插入排序法、快速排

序法等。其中冒泡排序法是比较常见、容易理解的一种方法。

冒泡排序法的升序排序过程如下。

（1）首先比较第 1 个和第 2 个数，将小数放前，大数放后；然后比较第 2 个数和第 3 个数，将小数放前，大数放后；如此继续，直至比较最后两个数，将小数放前，大数放后。第 1 次遍历后，将最大的数放到了最后。

（2）仍然从第 1 个数开始，比较第 1 个和第 2 个数，将小数放前，大数放后；然后比较第 2 个数和第 3 个数，将小数放前，大数放后；如此继续，一直比较到倒数第二个数（倒数第一的位置上已经是最大的），在倒数第二的位置上得到一个新的最大数（其实在整个数列中是第二大的数）。第 2 次遍历结束。

（3）如此下去，进行 9 次遍历后，所有数均有序。

程序段 7-7

```cpp
#include<iostream>
using namespace std;
int main( )
{
    int a[10], i, j, t;
    for (i = 0; i < 10; i++)                    //输入 10 个整数
        cin >> a[i];

    for (i = 0; i < 9; i++)                     //冒泡排序，循环 9 次
    {
        for (j = 0; j < 9 - i; j++)             //一趟冒泡排序
        {
            if (a[j] > a[j + 1])                //两两比较大小
            {
                t = a[j]; a[j] = a[j + 1]; a[j + 1] = t;   //交换
            }
        }
    }

    for (i = 0; i < 10; i++)                    //输出排序结果
        cout << a[i] << " ";
    return 0;
}
```

运行结果如程序段 7-7 所示。

```
Microsoft Visual Studio 调试控制
4 2 8 0 5 7 3 1 9 6
0 1 2 3 4 5 6 7 8 9
```

图 7-7 "排序"运行结果

第三节 二维数组

除了一维数组，C++还支持多维数组。一维数组有一个下标，二维数组有两个下标，二维数组的声明和初始化同一维数组类似。

一、二维数组的定义

二维数组的语法格式为：

数据类型 数组名[常量表达式1][常量表达式2]；

二维数组就像一个具有行和列的表格一样，常量表达式1代表行数，常量表达式2代表列数，元素的个数为行数和列数的乘积。行、列下标皆从0开始。

二维数组中的数组元素的引用形式为：

数组名[行下标][列下标]

例如，

    int a[2][3];

该语句定义了一个二维数组a，第一维大小为2，第二维大小为3，可以被认为是一个2行（0~1）3列（0~2）的表格，包含6个数组元素，如图7-8所示。

	第0列	第1列	第2列
第0行	a[0][0]	a[0][1]	a[0][2]
第1行	a[1][0]	a[1][1]	a[1][2]

图7-8　二维数组a的结构

二维数组在内存中"按行"存放，即第一行数组元素存储完毕后，接着存储第二行、第三行……，整个数组在内存中占据连续的一段存储单元。如图7-9所示。

a[0,0]	a[0][1]	a[0][2]	a[1][0]	a[1][1]	a[1][2]

图7-9　二维数组a的内存分配

二、二维数组的初始化

二维数组初始化的语法格式为：

数据类型 数组名[常量表达式1][常量表达式2]={初值列表}；

1、按照数组元素在内存中存放顺序，对所有元素赋初值。例如，

    int a[2][3] = {78,34,65,83,59,92};

如果对全部数组元素赋值，可以省略行数下标值，但不能省略列数下标值。即：

  int a[ ][3] = { 78,34,65,83,59,92 };

2、以行结构方式，就是将每一行的数据放在一个大括号中。例如，

  int a[2][3] = { {78,34,65},{83,59,92} };

这种方式看起来结构更清晰。

例 7-8：给二维数组输入数据，并以行列形式输出。代码如程序段 7-8 所示。

程序段 7-8

```cpp
#include<iostream>
using namespace std;
int main( )
{
    int a[2][3], i, j;
    //两重循环，给二维数组元素赋值
    for (i = 0; i < 2; i++)
        for (j = 0; j < 3; j++)
            cin >> a[i][j];
    //输出二维数组元素
    for (i = 0; i < 2; i++)
    {
        for (j = 0; j < 3; j++)
            cout << a[i][j] << " ";         //输出一行
        cout << endl;                        //换行
    }
    return 0;
}
```

运行结果如图 7-10 所示。

```
Microsoft Visual Studio 调试控制台
1 2 3 4 5 6
1 2 3
4 5 6
```

图 7-10　二维数组输入输出

第四节　二维数组的应用

二维数组常用于表格数据的存储和处理、矩阵运算等。

一、矩阵转置

例 7-9：求矩阵的转置矩阵。代码如程序段 7-9 所示。

$$A = \begin{bmatrix} 1 & 2 & 3 \\ 4 & 5 & 6 \end{bmatrix} \quad A^T = \begin{bmatrix} 1 & 4 \\ 2 & 5 \\ 3 & 6 \end{bmatrix}$$

分析：把矩阵 A 的第 i 行转换成第 i 列，得到的新矩阵称为 A 的转置矩阵。矩阵的第 i 行第 j 列元素变成转置矩阵的第 j 行第 i 列元素。

程序段 7-9

```cpp
#include<iostream>
using namespace std;
int main( )
{
    int A[2][3] = { {1,2,3},{4,5,6} }, AT[3][2], i, j;
    //求 A 的转置矩阵
    for (i = 0; i < 2; i++)
        for (j = 0; j < 3; j++)
            AT[j][i] = A[i][j];
    //输出转置矩阵
    for (i = 0; i < 3; i++)
    {
        for (j = 0; j < 2; j++)
            cout << AT[i][j] << " ";
        cout << endl;
    }
    return 0;
}
```

运行结果如图 7-11 所示。

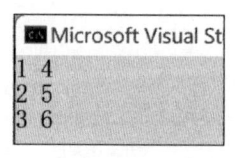

图 7-11 "矩阵转置" 运行结果

二、杨辉三角形

例 7-10：输出 10 行杨辉三角形。代码如程序段 7-10 所示。

```
        1
        1   1
        1   2   1
        1   3   3   1
        1   4   6   4   1
        1   5   10  10  5   1
```

分析：杨辉三角形的特点是第 1 列和主对角线元素均为 1，其余各项为：
$$a[i][j]=a[i-1][j-1]+a[i-1][j]$$
其中，i=2,3…n-1，j=1,2…i-1

程序段 7-10

```cpp
#include<iostream>
using namespace std;
int main( )
{
    int a[10][10], i, j;
    //第1列和主对角线元素赋值1
    for (i = 0; i < 10; i++)
        a[i][0] = 1, a[i][i] = 1;
    //求其余元素的值
    for(i=2;i<10;i++)
        for (j = 1; j < i; j++)
            a[i][j] = a[i - 1][j - 1] + a[i - 1][j];
    //输出杨辉三角形
    for (i = 0; i < 10; i++)
    {
        for (j = 0; j <= i; j++)
            cout << a[i][j] << " ";
        cout << endl;
    }
    return 0;
}
```

运行结果如图 7-12 所示。

```
1
1 1
1 2 1
1 3 3 1
1 4 6 4 1
1 5 10 10 5 1
1 6 15 20 15 6 1
1 7 21 35 35 21 7 1
1 8 28 56 70 56 28 8 1
1 9 36 84 126 126 84 36 9 1
```

图 7-12 "杨辉三角形"运行结果

本 章 小 结

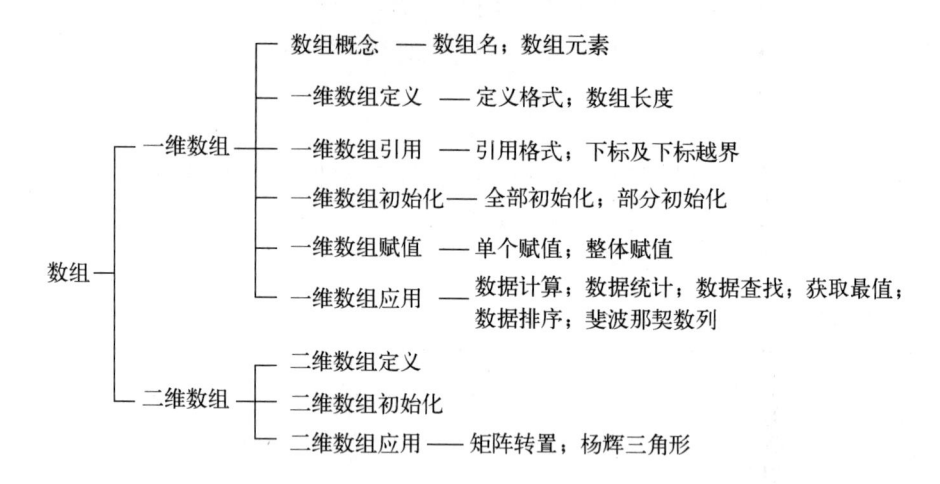

```
        ┌─ 数组概念 ── 数组名；数组元素
        │
        │─ 一维数组定义 ── 定义格式；数组长度
        │
   ┌─一维数组─┤─ 一维数组引用 ── 引用格式；下标及下标越界
   │    │
   │    │─ 一维数组初始化 ── 全部初始化；部分初始化
   │    │
数组─┤    │─ 一维数组赋值 ── 单个赋值；整体赋值
   │    │
   │    └─ 一维数组应用 ── 数据计算；数据统计；数据查找；获取最值；
   │                  数据排序；斐波那契数列
   │
   │    ┌─ 二维数组定义
   └─二维数组─┤─ 二维数组初始化
        └─ 二维数组应用 ── 矩阵转置；杨辉三角形
```

习 题 七

一、单选题

1、数组定义为 int a[3][2]={1, 2, 3, 4, 5, 6}，数组元素_____的值为6。

　　A. a[3][2]

　　B. a[2][1]

　　C. a[1][2]

　　D. a[2][3]

2、有数组定义 double d[10];以下叙述不正确的是_____。

　　A. 数组 d 有 10 个元素

　　B. 数组 d 的最后一个元素是 d[10]

　　C. 数组 d 的第一个元素是 d[0]

　　D. 数组元素的类型是 double 型

3、以下对一维数组 a 的定义正确的是_____。

　　A. int n=5, a[n];

　　B. int a(5);

　　C. const int N = 5; int a[N];

　　D. int n;cin>>n; int a[n];

4、下列数组定义语句中，不合法的是_____。

　　A. int a[3] = { 0,1,2,3 };

　　B. int a[ ] = { 0,1,2 };

　　C. int a[3] = { 0,1,2 };

　　D. int a[3] = { 0 };

5、以下不能对二维数组 a 进行正确初始化的语句是_____。
   A. int a[2][3] = {0};
   B. int a[ ][3] = {{0,1},{0}};
   C. int a[2][3] = {{0,1},{2,3},{4,5}};
   D. int a[ ][3] = {0,1,2,3,4,5};

6、已知 int a[ ][3] = {{0,1},{2,3,4},{5,6},{7}};则 a[2][1]的值是_____。
   A. 0
   B. 2
   C. 6
   D. 7

7、以下对二维数组 a 进行初始化正确的是_____。
   A. int a[2][ ]={{1,0,1},{5,2,3}};
   B. int a[ ][3]={{1,2,3},{4,5,6}};
   C. int a[2][4]={{1,2,3},{4,5},{6}};
   D. int a[ ][ ]={{1,0,1},{},{1,1}};

8、以下叙述中错误的是_____。
   A. 不可以直接用数组名对数组进行整体输入或输出
   B. 数组中数组元素的数据类型是相同的
   C. 当程序执行中，数组元素的下标超出所定义的下标范围时，系统将给出"下标越界"的出错信息
   D. 可以通过赋初值的方式确定数组元素的个数

9、在 C++语言中引用数组元素时，下面关于数组下标数据类型的说法错误的是_____。
   A. 整型常量
   B. 整型表达式
   C. 整型常量或整型表达式
   D. 任何类型的表达式

10、下列关于数组的描述，正确的是_____。
   A. 数组的长度是固定的，而其中元素的数据类型可以不同
   B. 数组的长度是固定的，而其中元素的数据类型必须相同
   C. 数组的长度是可变的，而其中元素的数据类型可以不同
   D. 数组的长度是可变的，而其中元素的数据类型必须相同

11、对以下说明语句的正确理解是_____。

int a[10] = {6,7,8,9,10};

   A. 因为数组长度与初值的个数不相同，所以此语句不正确
   B. 将 5 个初值依次赋给 a[0]至 a[4]
   C. 将 5 个初值依次赋给 a[1]至 a[5]

D. 将5个初值依次赋给a[6]至a[10]

12、假设有定义：int k,a[3][3]={9,8,7,6,5,4,3,2,1}；则下面语句的输出结果是_____。

```
for (k = 0; k < 3; k++)
    cout << a[k][k];
```

A. 753

B. 951

C. 963

D. 741

二、判断题

1、C++语言中，数组元素在内存中是顺序存放的，它们的地址是连续的。

2、引用数组元素时，下标不能越界。

3、数组名不能被赋值。

4、数组不允许进行赋值运算、算术运算等，只有数组元素才可以。

5、数组的起始下标是从1开始的。

6、如对数组的初始化为：int s[2]={1};则数组s每个元素的值均为1。

三、填空题

1、假设有定义 int a[10]={1,3,5,7};则7是元素_____的值。

2、假定int类型变量占用4个字节，有定义：int x[10]={0,2,4}；则数组x在内存中所占字节数是_____。

3、有如下定义语句：int aa[ ][3]={12,23,34,4,5,6,78,89,45}；则45在数组aa中的行列坐标各为_____和_____。

4、假设有定义 int i,x[9]={9,8,7,6,5,4,3,2,1}；则执行以下程序段后输出_____。

```
for(i=0;i<4;i+=2)
    cout<<x[i]<<";
```

5、若二维数组a有m列，则计算任一元素a[i][j]在数组中的序号为_____。(假设a[0][0]的序号为0)

6、将程序代码补充完整。程序完成的功能是：求数组中偶数的个数以及平均值。

```
#include <iostream>
using namespace std;
int main( )
{
    int i, count = 0, sum = 0;
    double average;
    int a[ ] = { 1, 21, 3, 6, 5, 6, 7, 8, 9, 10 };
    for (i = 0; i < 10; i++)
    {
```

```
                    if (____)
                    {
                        sum+=a[i];
count++;
                    }
                }
                average = ____;
                cout << count << endl;
                cout<< average << endl;
                return 0;
            }
```

7、若有以下数组说明：int a[12]={1,4,7,10,2,5,8,11,3,6,9,12};则 i=10;a[a[i]]元素数值是_____。

实验七　数　　组

编写 C++程序，完成以下任务。

一、从键盘输入 10 个整数，然后逆序输出数组元素。

二、从键盘输入 10 个整数，找出其中最小值以及它在数组中的下标。

三、从键盘输入 10 个数，第 1 个数和最后一个数交换，输出交换后的数组。

四、求 1+2+3+5+8+13+……前 20 项的和。提示：可以将多项式看成斐波那契数列，第 1 项为 1，第 2 项为 2，从第 3 项开始每项是前两项的和。首先求出前 20 项数列的值，然后求前 20 项的和。程序执行样例如下图所示。

```
Microsoft Visual Studio 调试控制台
1 2 3 5 8 13 21 34 55 89 144 233 377 610 987 1597 2584 4181 6765 10946
28655
```

五、从键盘输入 10 个数，然后输出平均值以及大于平均值的数。程序执行样例如下图所示。

```
Microsoft Visual Studio 调试控制台
1 2 3 4 5 6 7 8 9 10
5.5
6 7 8 9 10
```

六、已知有序数组 a[10]={1,2,3,6,8,9,12,23,33}，从键盘上输入一个数 x，将 x 插入到 a 数组中，数组 a 仍然保持从小到大的次序。程序执行样例如下图所示。

```
Microsoft Visual Studio 调试控制台
11
1 2 3 6 8 9 11 12 23 33
```

编程思路：数组定义至少比 9 大，因为已经有 9 个元素，再插入 x，至少得定义 10 个大小。

1、判断 x>a[8]时，执行 a[9]=x。

2、判断插入序列中的位置，需要3个步骤：

1）寻找 x 该插入的位置：即第一个比 x 大的数组元素，x<a[i]时 i 的值赋给 j，退出循环；

2）将数组从最后1个元素开始，直到 j 位置为止，元素值依次后移，给插入 x 腾位；

3）将 x 插入：a[j]=x。

3、输出整个数组元素。

七、从键盘输入数据给二维数组 a[4][4]赋值，输出主对角线中最大的元素以及所在的行列号。程序执行样例如下图所示。提示：主对角线的元素的行列下标相同。

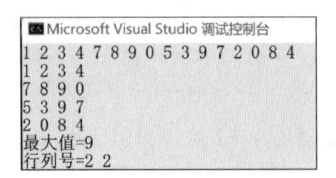

```
Microsoft Visual Studio 调试控制台
1 2 3 4 7 8 9 0 5 3 9 7 2 0 8 4
1 2 3 4
7 8 9 0
5 3 9 7
2 0 8 4
最大值=9
行列号=2 2
```

第八章 字 符 串

学习目标：
1、理解字符串的两种处理方法：字符数组和字符串类。
2、掌握用字符数组存储和处理字符串的方法。包括定义、初始化、输入输出以及字符串处理函数。
3、掌握用字符串类存储和处理字符串的方法。包括字符串变量的定义、字符串变量的初始化、字符串变量的赋值、字符串变量的输入输出以及字符串变量的常用操作。
4、掌握字符串的一些应用算法。

建议学时： 4 学时

教师导读：
1、C++提供了两种字符串处理方法：C 风格字符串和 C++引入的字符串类。
2、要求考生熟练掌握两种处理方法。
3、要求考生能阅读字符串的相关算法程序，并在此基础上编写程序解决简单问题。

第一节 字 符 数 组

数组可以存储大量的数值类型的数据，例如 int a[100]存储了 100 个整型数据，float b[100]存储了 100 个浮点型的数据。数组也可以存储字符型的数据。

一、字符数组概述

字符型 char 存储的是一个的字符。
字符数组存储的是多个字符，数组元素是一个一个的字符。

1、字符数组的定义
定义字符数组的语法格式如下。

```
char 字符数组名[常量表达式];
```

例如，

```
char a;         //a 为字符型变量，存储一个字符
char c[5];      //c 为字符数组，可以存储 5 个字符
```

2、字符数组的初始化
初始化字符数组的语法格式如下。

```
char 字符数组名[常量表达式]={字符1,字符2,字符3…};
```

例如，

```
char c[5] = {'v','s','c','+','+'};    //数组长度等于5
```

字符数组的存储形式如图 8-1 所示,一个字符占一个字节。

c[0]	c[1]	c[2]	c[3]	c[4]
v	s	c	+	+

图 8-1 字符数组的存储形式

3、字符数组的赋值与引用

逐个字符赋给数组中各元素。

例如,

```
char c[5];
c[0] = 'v'; c[1] = 's'; c[2] = 'c'; c[3] = '+'; c[4] = '+';
```

二、用字符数组处理字符串

1、字符串

字符串是用一对双引号括起来的一组字符的有序集合,系统在字符串的末尾自动增加一个字符串结束符'\0'。字符串包含的字符个数称为字符串长度(不包括'\0')。

字符串可以用字符数组来存储和处理,因此对字符串的处理就转化为对字符数组的操作。

考虑到字符串结束符,在定义字符数组时应估计实际字符串长度,保证数组长度始终大于字符串实际长度,如下所示。

```
char 字符数组名[最大字符数+1];
```

如果字符串有 n 个字符,则它在存储器中占 n+1 个字节。

2、整体初始化

字符数组存储字符串时,可以用字符串常量整体赋值,语法格式如下。

```
char 字符数组名[常量表达式]=字符串;
char 字符数组名[常量表达式]={字符串};
char 字符数组名[]=字符串;
char 字符数组名[]={字符串};
```

例如,

```
char c[6] = "vsc++";         //字符串结尾自动加'\0',数组长度=字符实际个数+1
char b[6] = {"vsc++"};       //字符串外加{}
char a[] = "vsc++";          //数组长度可以不指定
char d[] = {"vsc++"};
```

字符串的存储形式如图 8-2 所示。

可以看出字符串与字符数组不是完全等价的,字符串必须是以'\0'作为结尾,但字符数组没有这个要求。字符串可以是一个字符数组,但字符数组未必是字符串,区别在于结尾是否是'\0'。

c[0]	c[1]	c[2]	c[3]	c[4]	c[5]
v	s	c	+	+	\0

图 8-2　字符串的存储形式

3、整体输入输出

(1) 使用标准输入输出流 cin 和 cout

例如,

```
char c[30];
cin >> c;        //输入字符串
cout << c;       //输出字符串
```

cin 有一个问题：不能提取字符串中空格后面的内容，如图 8-3 所示。

(2) 使用 gets_s( ) 函数输入字符串

```
gets_s(字符数组名);
```

例如,

```
char c[30];
gets_s(c);
cout << c << endl;
```

可以输入带有空格的字符串，输入的字符串长度不能超过定义的长度，如图 8-4 所示。

图 8-3　cin 丢失了空格后面的字符　　　　图 8-4　cin.get( ) 接收字符串的结果

例 8-1：输入字符串，然后逐一输出字符串。代码如程序段 8-1 所示。

程序段 8-1

```cpp
#include<iostream>
using namespace std;
int main( )
{
    char c[30];
    int i;
    gets_s(c);
    for (i = 0; c[i] != '\0'; i++)     //不是结束符就继续遍历
        cout << c[i] << " ";           //字符之间空格隔开
```

```
        cout << endl;                    //最后输出换行
        return 0;
    }
```

在遍历字符串时，从前往后逐个扫描字符，一旦遇到结束符'\0'就结束处理。关系表达式 c[i] != '\0'的判断非常重要。运行结果如图 8-5 所示。

```
Microsoft Visual Studio 调试控制台
I'm learning C++ language
I ' m   l e a r n i n g   C + +   l a n g u a g e
```

图 8-5　字符串遍历输出

三、字符串处理函数

C++提供了用于字符串处理的库函数，能够完成常用的字符串操作。

1、求字符串的长度

> strlen(str)

求字符串 str 的有效字符个数，不包括'\0'在内。
例如，

```
    char c[20] = "vsc++";
    cout << strlen(c);          //字符长度为 5
```

2、字符串复制

> strcpy_s(str1,str2)

将字符串 str2 复制到字符串 str1 中。

3、字符串连接

> strcat_s(str1,str2)

在字符串 str1 后面连接字符串 str2，字符串 str2 不变。

例 8-2：字符串处理函数应用实例，代码如程序段 8-2 所示

程序段 8-2

```
#include<iostream>
using namespace std;
int main( )
{
    char a[100] = "This course will help you learning C++ basics";
    char b[30] = " and it gives you hands. ";
    char c[100];
    int slen1,slen2;
```

```
    slen1 = strlen(a);          //求字符串 a 长度
    cout << slen1 << endl;
    slen2 = strlen(b);          //求字符串 b 长度
    cout << slen2 << endl;

    strcpy_s(c, a);             //赋值字符串 a 到字符串 c
    cout << c << endl;

    strcat_s(a, b);             //在字符串 a 后面连接字符串 b
    cout << a << endl;
    return 0;
}
```

运行结果如图 8-6 所示。

```
■ Microsoft Visual Studio 调试控制台
45
24
This course will help you learning C++ basics
This course will help you learning C++ basics and it gives you hands.
```

图 8-6 字符串处理函数应用实例

第二节 字符串的应用（1）

程序设计中经常会处理字符串，例如统计字符串中的字符数；在字符串中查找单词；字符串加密；字符串大小写转换等。

一、统计字符个数

例 8-3：从键盘输入一行字符（字符串长度不超过 100），分别统计出其中英文字符、数字字符和其他字符的个数。代码如程序段 8-3 所示。

分析：对字符串进行遍历，逐一判断是否是英文字符、数字字符和其他字符。

程序段 8-3

```
#include<iostream>
using namespace std;
int main()
{
    char c[100];
    int i, zf = 0, sz = 0, qt = 0;
    gets_s(c);
    for (i = 0; c[i] != '\0'; i++)
    {
        //判断英文字符
```

```
            if ( ( c[i] >= 'a' && c[i] <= 'z' ) || ( c[i] >= 'A' && c[i] <= 'Z' ) )
                zf = zf + 1;
            else if ( c[i] >= '0' && c[i] <= '9' )              //判断数字字符
                sz = sz + 1;
            else
                qt = qt + 1;
        }
        cout << "字符个数:" << zf << endl;
        cout << "数字个数:" << sz << endl;
        cout << "其他个数:" << qt << endl;
        return 0;
    }
```

运行结果如图 8-7 所示。

```
Microsoft Visual Studio 调试控制台
the PM2.5 levels are likely to exceed 500 over the next few days.
字符个数: 46
数字个数: 5
其他个数: 14
```

图 8-7 "统计字符个数"运行结果

二、字符串加密

例 8-4：在情报传递过程中，为了防止情报被截获，往往需要对情报用一定的方式加密，简单的加密算法虽然不足以完全避免情报被破译，但仍然能防止情报被轻易地识别。凯撒加密法是一种简单的加密方法，加密规则是：将每个字母用字母表中排在其后面的第 3 个字母的大写形式来替换（如字母 d 或 D 就用 G 来替换）；对于字母表中最后的三个字母，可将字母表看成是首尾衔接的（如字母 y 或 Y 用 B 来替换）；字符串中其他非字母符号不做改变。代码如程序段 8-4 所示。

分析：对字符串进行遍历，首先将小写英文字符变成大写英文字符；再将大写英文字符后移 3 个字符，其他字符不变。

大写英文字符后移 k 位的公式如下。

$$c[i] = (c[i]+k-'A')\%26+'A';$$

其中，右边的 c[i] 是原来的字符，左边的 c[i] 是移位后的字符。

程序段 8-4

```
#include<iostream>
using namespace std;
int main( )
{
    const int N = 1000;             //定义常变量 N
    char c[N];                      //N 是字符数组的长度
```

```
    gets_s(c);
    for (int i = 0; c[i]!='\0'; i++)
    {
        //如果是小写英文字符，则转换为大写字符
        if (c[i] >= 'a' && c[i] <= 'z')
            c[i] = c[i] - 32;
        //如果是大写英文字符，后移 3 个字符；其他字符不变
        if (c[i] >= 'A' && c[i] <= 'Z')
            c[i] = (c[i] + 3 - 'A') % 26 + 'A';
    }
    cout << c << endl;
    return 0;
}
```

运行结果如图 8-8 所示。

```
Microsoft Visual Studio 调试控制台
no pain no gain
QR SDLQ QR JDLQ
```

图 8-8 "字符串加密"运行结果

第三节 字 符 串 类

C++处理字符串的方式有两种，一种来自 C 语言，常被称为 C 风格字符串，即用字符数组存储和处理字符串；另一种是 C++的风格，使用字符串类 string 来存储和处理字符串。

字符数组有一定的缺陷，比如用法复杂、容易发生数组下标越界，字符数组不能直接使用赋值、等于、小于运算符等等问题，所以字符数组不是最好的解决方法。

C++引入 string 类，它是一个功能强大的字符串类，提供了丰富的方法和操作符，处理字符串更加方便、安全，完全可以代替字符数组。

字符串类属于标准 C++语言类库，若要在程序中使用字符串类，在源程序最前面包含头文件 string，语句格式：

#include<string>

一、字符串变量的定义

字符串类的使用方法，类似于整型 int、浮点型 float 类型一样，可以用来定义变量，这就是字符串变量。

字符串变量定义的语法格式如下。

string 字符串变量 1,字符串变量 2,…;

在定义字符串变量时不需要指定长度，它的长度随着字符串的长度而改变。
例如，

```
string s1, s2;
```

定义字符串变量 s1 和 s2，并且将默认值赋给 s1 和 s2，默认值是""，即空字符串。

二、字符串变量的初始化

字符串变量初始化的语法格式如下。

```
string 字符串变量=字符串;
```

例如，

```
string s1 = "I love C++";    //定义的同时赋初值
```

字符串常量以'\0'作为结束符，但将字符串常量存放到字符串变量中时，只存放字符串本身而不包括'\0'。

三、字符串变量的赋值

字符串变量赋值的语法格式如下。

```
字符串变量=字符串;
```

例如，

```
string s1,s2;
s1 = "I love C++";    //用赋值语句对它赋予一个字符串常量
s2 = s1;              //用一个字符串变量给另一个字符串变量赋值
```

四、字符串变量的输入输出

字符串变量得输入输出可以用 cin 和 cout。例如，

```
string s1;
cin >> s1;     //不能读入空格，以空格，制表符，回车符作为结束标志
cout << s1;
```

但是 cin 遇到空格即停止，可以使用 getline( ) 函数输入有空格的字符串。例如，

```
string s1;
getline(cin, s1)    //可以读入空格和制表符，以回车符作为结束的标志
cout << s1;
```

五、字符串变量的常用操作

字符串变量允许使用运算符进行赋值、拼接、比较等操作。

1、字符串拼接运算：使用"+"或"+="运算符直接拼接字符串

```
string s1 = "first ";
string s2 = "second ";
string s3 = s1 + s2;          //s3 的结果为"first second "
```

2、字符串关系运算：使用关系运算符进行比较

```
s1 = "abc";
s2 = "xyz";
s1 > s2;        //结果为假
s1 == s2;       //结果为假
s1 != s2;       //结果为真
```

3、获取字符串的长度：用函数 length( ) 或 size( )

```
string s = "Hello, world!"
int len = s.size( );
int len = s.length( );        //这两种方式是等价的
```

4、向字符串指定位置插入元素：insert( ) 函数

```
string s = "abcdefg";
s.insert(3, "1234");          //向字符串索引为 3 的位置插入"1234"
cout << s << endl;            //输出：abc1234defg
```

5、删除字符串中的元素：erase( ) 函数

```
string s = "0123456789";
s.erase(2, 3);                //从索引为 2 的位置开始(包括2)，删除 3 个字符
cout << s << endl;            //输出：0156789
```

6、查找字符串中的子串：find( ) 函数和 rfind( ) 函数

find( ) 函数从前往后查找子串，得到的是子串第一次出现在字符串中的下标，而 rfind( ) 函数是逆向查找子串。

```
string s = "Hello c++ world!";
int pos = s.find(" ");        //从前往后查找子串的位置
cout << pos << endl;          //输出 5
int pos1 = s.find("abc");
cout << pos1 << endl;         //没找到，输出-1
int pos2 = s.rfind(" ");      //从后往前查找子串的位置
cout << pos2 << endl;         //输出 9
```

第四节　字符串的应用（2）

一、简单的密码验证系统

例 8-5：系统内部预设的密码是"helloc"，编写密码验证系统。代码如程序段 8-5 所示。

分析：从键盘输入密码，将用户输入的密码和预设的密码进行比较，如果相同则是合法用户。

程序段 8-5

```cpp
#include<iostream>
#include<string>
using namespace std;
int main( )
{
    string s;
    while（1）
    {
        cout << "请输入密码:";
        getline(cin, s);
        if (s == "helloc")       //用"=="比较字符串
        {
            cout << "密码正确,欢迎使用" << endl;
            break;
        }
        else
            cout << "密码错误,重新输入:" << endl;
    }
    return 0;
}
```

运行结果如图 8-9 所示。

```
Microsoft Visual Studio 调试控制台
请输入密码: 123456
密码错误，重新输入：
请输入密码: admin
密码错误，重新输入：
请输入密码: helloc
密码正确，欢迎使用
```

图 8-9　"简单的密码验证系统"运行结果

二、最后一个单词的长度

例 8-6：输出字符串最后一个单词的长度。单词之间空格隔开，字符串末尾不以空格为结尾。代码如程序段 8-6 所示。

分析：用 rfind( ) 函数逆向查找第一个空格，返回值是最后一个单词的起始下标。

程序段 8-6

```cpp
#include<iostream>
#include<string>
using namespace std;
int main( )
{
    string s;
    getline( cin, s );
    int pos = s.rfind(" ");
    int len = s.size( ) - pos - 1;    //字符串长度-最后单词的起始下标-1
    cout << len << endl;
}
```

运行结果如图 8-10 所示。

```
Microsoft Visual Studio 调试控制台
I love C++ languge
7
```

图 8-10 "最后一个单词"运行结果

本 章 小 结

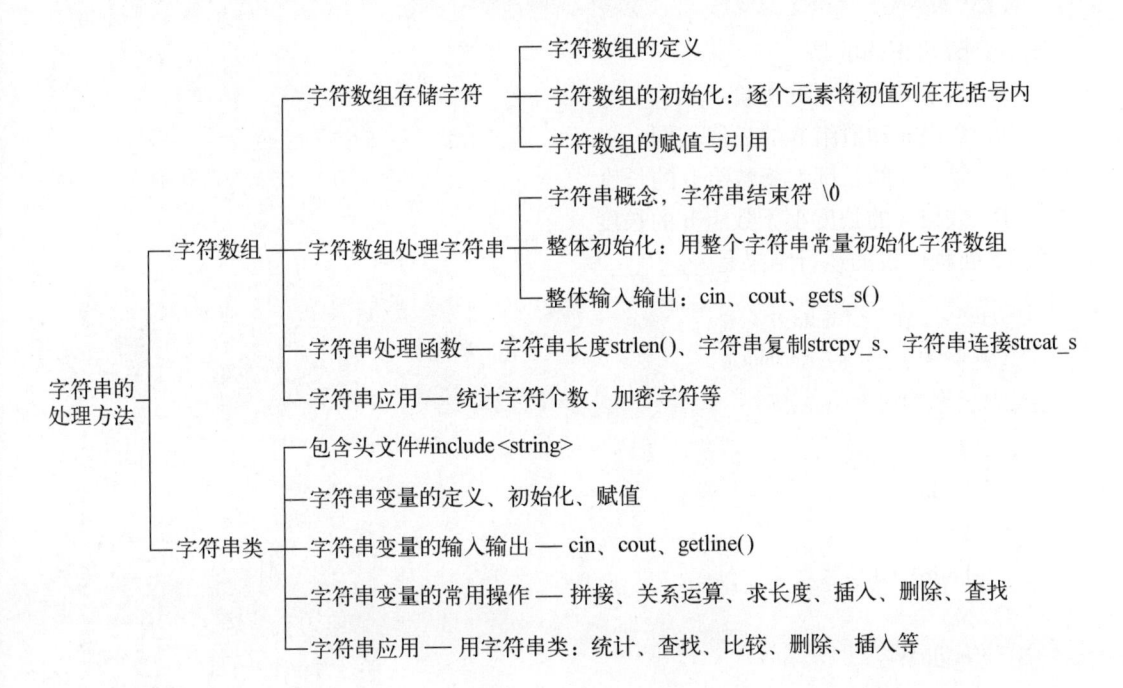

字符串的处理方法
- 字符数组
  - 字符数组存储字符
    - 字符数组的定义
    - 字符数组的初始化：逐个元素将初值列在花括号内
    - 字符数组的赋值与引用
  - 字符数组处理字符串
    - 字符串概念，字符串结束符 \0
    - 整体初始化：用整个字符串常量初始化字符数组
    - 整体输入输出：cin、cout、gets_s( )
  - 字符串处理函数 —— 字符串长度strlen( )、字符串复制strcpy_s、字符串连接strcat_s
  - 字符串应用 —— 统计字符个数、加密字符等
- 字符串类
  - 包含头文件#include<string>
  - 字符串变量的定义、初始化、赋值
  - 字符串变量的输入输出 —— cin、cout、getline( )
  - 字符串变量的常用操作 —— 拼接、关系运算、求长度、插入、删除、查找
  - 字符串应用 —— 用字符串类：统计、查找、比较、删除、插入等

习 题 八

一、单选题

1、字符串的长度是_____。
   A. 字符串中不同字符的个数
   B. 字符串中不同字母的个数
   C. 字符串中所有的字符
   D. 字符串中有效字符的个数

2、下列说法正确的是_____。
   A. 字符数组与整型数组可通用
   B. 字符数组与字符串其实没什么区别
   C. 当字符串放在字符数组中，这时要求字符数组长度比字符串多一个字节，因为要放字符串结束符'\0'。
   D. 字符数组必须是以'\0'结尾

3、下面有关字符数组的描述中，错误的是_____。
   A. 字符数组可以存放字符串
   B. 字符串可以整体输入、输出
   C. 可以在赋值语句中通过赋值运算对字符数组整体赋值
   D. 不可以用关系运算符对字符数组中的字符串进行比较

4、给出下面定义：

```
char a[ ] = "abcd";
char b[ ] = { 'a','b','c','d' };
```

则下列说法正确的是_____。
   A. 数组 a 与数组 b 等价
   B. 数组 a 和数组 b 的长度相同
   C. 数组 a 的长度大于数组 b 的长度
   D. 数组 a 的长度小于数组 b 的长度

5、下面程序段的运行结果是_____。

```
char st[20] = "hello\0\t\\";
cout << strlen(st) << endl;
cout << st;
```

   A. 5
      hello
   B. 11
      hello\0\t
   C. 5
      hello\t

D. 11
hello

6、要使字符串变量 str 具有初值"Lucky"，正确的定义语句是_____。
   A. char str[ ] = {'L','u','c','k','y'};
   B. char str[5] = {'L','u','c','k','y'};
   C. char str[ ] = "Lucky";
   D. char str[5] = "Lucky";

7、下列是为字符数组赋字符串的语句组，其中错误是_____。
   A. char s[10]; s = "program";
   B. char s[ ] = "program";
   C. char s[10] = "Hello!";
   D. char s[10]; strcpy_s(s, "Hello!");

8、下面程序段执行后的输出结果是_____。

```
char c[5] = {'a','b','\0','c','\0'};
cout << c;
```

   A. 'a''b'
   B. ab
   C. ab c
   D. abc

9、s 是字符串变量，给 s 赋值的错误语句是_____。
   A. string s;
      s = "C++ programming";
   B. string s = {"C++ programming"};
   C. string s = "C++ programming";
   D. string s[30] = "C++ programming";

10、下列选项中，定义字符串变量的方式，错误的是_____。
    A. string str("OK");
    B. string str="OK";
    C. string str;
    D. string str='OK';

二、判断题
1、若有定义 char str[20] = "\tGood\t"，则 strlen(str) 的值为 7。
2、string 类是基本的数据类型。
3、假设有定义 char str1[20] = "abcde",t[20];，则可以通过语句 t = s;将字符串 s 的内容复制到字符串 t。
4、字符串变量可以直接用"="赋值。
5、处理字符串，可以使用字符串类和字符数组两种方法。
6、字符串变量可以直接比较大小。

三、填空题

1、将两个字符串连接成一个字符串，可以用_____函数。

2、将两个字符串变量连接成一个字符串，可以用_____运算符。

3、已知 char a[20] = "abc",b[20] = "defghi";则执行 cout<<strlen(strcpy(a,b));语句后，输出结果为_____。

4、设有数组定义 char array[ ] = "China";则数组 array 所占的空间为_____个字节。

5、下面程序段的运行结果是_____。

```
char s[ ] = "name123456";
int i, sum = 0;
for (i = 0; i <strlen(s); i++)
    sum = sum + i;
cout << sum;
```

6、下面程序段的运行结果是_____。

```
char c, str[ ] = " SSWLIA";
int k;
for (k = 2; (c = str[k]) !='\0'; k++)
{
    switch (c)
    {
    case 'I': ++k; break;
    case 'L': continue;
    default: cout << c; continue;
    }
    cout <<' * ';
}
```

实验八 字 符 串

一、从键盘上输入一个字符串，统计字母"A"出现的次数，不区分大小写。程序执行样例如下图所示。

```
Microsoft Visual Studio 调试控制台
Google's New AI Feature sounds like a real human and writes emails for you
7
```

二、从键盘输入一个正实数，输出其整数部分和小数部分的位数。使用字符串处理，字符串长度不大于30。程序执行样例如下图所示。

```
Microsoft Visual Studio 调试控制台
123.456789
小数点前位数3
小数点后位数6
```

三、输入字符串，将字符串中的大写字母转化为小写字母，输出字符串。程序执行样例如下图所示。

```
Game of Throne
game of throne
```

　　四、输入一个字符串，判断其是否为回文字符串。所谓回文字符串，是指从左到右读和从右到左读完全相同的字符串。程序执行样例如下图所示。

```
thisistrueurtsisiht
是回文字符串
```

　　五、按照字母表顺序，统计字符串中出现次数为 4 次的英文字符，忽略其他字符，字符串都是小写字符。程序执行样例如下图所示。

```
you cannot improve your past, but you can improve your future. Once time is wasted, life is wasted.
n
y
```

　　六、从键盘输入字符串，将字符串中的第一个字符移到最后，其他字符前移一个位置。程序执行样例如下图所示。

```
abcdefg
bcdefga
```

第九章 函　　数

学习目标：
1、理解函数的概念、作用和分类。
2、掌握函数的定义、调用、声明，以及三种参数传递方法。
3、理解嵌套函数和递归调用的特点。
4、扩展阅读：函数重载和函数模板，变量的作用域和生存期。此部分不作为考试内容。
建议学时：4 学时
教师导读：
1、函数在程序设计中有很重要的作用。本章要求考生熟练掌握函数的使用。
2、要求考生理解函数、形参、实参、参数传递、返回值等概念，并能编写函数解决问题。
3、要求考生理解嵌套、递归等概念，能阅读相关程序。

第一节　函数的概念

在本章之前，C++源程序只有一个主函数 main，代码都写在 main 函数中，这种结构适用于几行或十几行代码可以完成的简单任务。如果把几百行、甚至上万行的代码都写在 main 函数中，虽然程序的功能正常实现，但显得杂乱无章，代码可读性、可维护性较差。

函数可以进一步构造程序，设计得当的函数可以使整个程序结构更加清晰，并降低编写、修改和调试程序的难度。

一、函数概念

一个需要很多行代码的复杂程序，一般细分成若干模块，每个模块实现一个特定功能，这个模块就是函数。

一个 C++源程序由一个 main 函数和若干个函数组成，主函数 main 有且只能有一个。

一个源程序的组成以及函数调用的示意图，如图 9-1 所示。

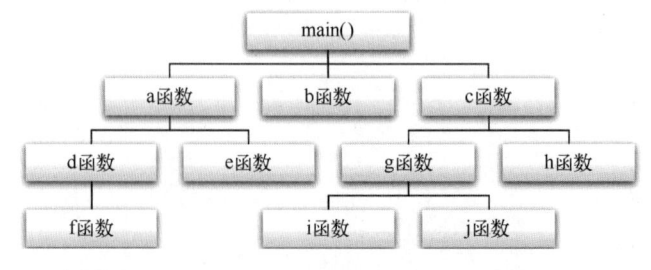

图 9-1　源程序的组成及函数调用示意图

程序总是从主函数 main 开始执行，主函数调用函数，函数调用函数，一级一级调用，再一级一级返回，最终返回 main 函数，结束整个程序的执行。所有的函数都是平行独立的，函数之间可以相互调用；main 函数可以调用所有的函数，但其他函数不能调用 main 函数。

编写函数的目的在于：

（1）使程序简洁明了：主函数不再臃肿，函数功能相对独立，功能单一，便于分工合作和修改维护，代码可读性好。

（2）可重用性：函数是定义好的、可重用的功能模块，可以方便在程序中多次调用，提高开发效率。

二、函数的分类

函数主要有两类：系统函数和用户自定义函数。系统函数包括内置函数和标准库函数。

1、内置函数

C++语言提供了一些内置函数，在 VS 2022 中可以直接在程序中使用。常见的内置函数包括数学函数、字符串函数、类型转换函数等。例如，sqrt( )函数用于计算平方根，strlen( )函数用于计算字符串的长度、float( )用于转换类型等等。

内置函数应用示例如下。

```
double a = 3.5, b, d;
int c, e;
b = pow(a, 3);              //pow(x,y)指数函数，求 x 的 y 次方
c = int(b);                 //int(x)函数，将 x 的值转换为整型
d = sqrt(b);                //sqrt(x)函数，求 x 的平方根
cout << b << endl;          //结果 42.875
cout << c << endl;          //结果 42
cout << d << endl;          //结果 6.5479

//rand 函数的作用是产生随机数，但是每次产生的随机数都是相同的
//srand 函数的作用是初始化随机数发生器，就是让 rand 函数每次产生的随机数都不相同
//rand( )%(b-a+1)+a，这个公式产生[a,b]之间的随机数
srand((unsigned)time(NULL));
e = rand() % (10 - 1 + 1) + 1;      //产生[1,10]之间的随机整数
cout << e << endl;
```

2、标准库函数

标准库函数是 C++标准库提供的一组函数，标准库函数通常定义在各自的头文件中。例如 string 头文件中定义了字符串类处理函数。

3、用户自定义函数

用户自定义函数是程序员为了完成特定功能编写的函数。

第二节　函数的定义

用户自定义函数遵循"先定义后使用"的原则。函数的定义由函数返回值类型、函数名、参数列表、函数体和返回语句组成。

一、函数定义

函数定义格式如下。

```
返回值类型 函数名(形参列表)
{
    函数体语句
    return 表达式
}
```

1、返回值类型

一个函数可以返回一个值。返回值类型就是函数返回值的数据类型。有些函数执行所需的操作而不返回值，返回值类型就是关键字 void。

2、函数名

编写函数需要确定函数名，以便使用函数时能够按名调用。函数名应遵循标识符的命名规则。

3、形参列表

在定义函数时，函数名后面括号中的变量名称为形式参数，简称形参。只有函数被调用时，形参才被分配内存单元，数据传递给形参供函数处理。函数调用结束，形参就被释放。形参列表的格式如下。

```
类型 1 参数名 1,类型 2 参数名 2,类型 3 参数名 3,…
```

参数定义时要指明参数类型和参数名称。

函数有多个参数时，参数之间用逗号分隔；函数也可以没有参数，但括号不能省略。

例如，

```
int fun( int a , int b)
```

4、函数体

函数最重要的就是编写函数体。函数体包含变量定义部分和执行语句，是一组能完成特定功能的语句序列的集合。函数体中定义的变量，只在函数体内有效。

5、return 表达式

函数通过 return 语句返回一个值给调用它的函数。return 后面的表达式的类型和返回值类型一致。一个函数可以有 1 个以上 return 语句。

函数中没有 return 语句，表示无返回值；返回值类型应用 void 定义，表示为空类型。

以主函数 main 为例，函数的各个组成部分如图 9-2 所示。

```
                ┌─────────────────────────────────────────────────┐
                │                              形参列表            │
                │          函数名             （主函数的形参列表为空）│
                │  返回值类型    │                │                 │
                │      │         │                │                │
                │     int main()                                   │
                │     {                                            │
                │         cout << "Hello World!" << endl;  ←─ 函数体 │
                │         return 0;                                │
                │     }           ↖                                │
                │                  return 语句                      │
                │              返回值0和返回值类型int对应             │
                └─────────────────────────────────────────────────┘
```

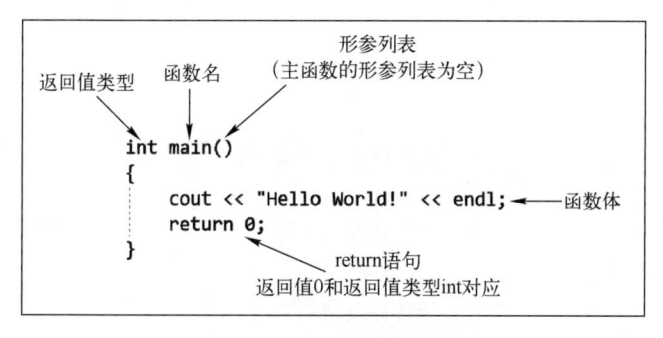

图 9-2　函数的组成部分

二、函数定义的常见样式

函数定义时，常见的样式有四种：有参有返、有参无返、无参有返、无参无返。

例 9-1：编写函数，求两个整数相除的结果。分别用函数定义的四种样式实现，代码如程序段 9-1 所示。

程序段 9-1

```
//有参有返
double fun1( int a, int b)      //函数名为 fun1，形参 a 和 b 为整型
{
    double c;                    //c 存放相除的结果，类型为 double
    c = 1.0 * a / b;             //两个整数相除的结果为浮点数
    return c;                    //返回 c 的值，返回值类型为 double
}


//有参无返
void fun2( int a, int b)         //函数名为 fun2，形参 a 和 b 为整型
{
    double c;                    //c 存放相除的结果，类型为 double
    c = 1.0 * a / b;
    cout << c << endl;           //结果在函数体内输出，没有返回值，返回值类型为 void
}

//无参有返
double fun3( )                   //函数名为 fun3，函数返回值类型为 double，没有形参
{
    int a, b;                    //定义 a、b 变量
    double c;
    cin >> a >> b;               //从键盘输入 a 和 b
    c = 1.0 * a / b;
    return c;                    //返回 c 的值，返回值类型为 double
}
```

```
//无参无返
void fun4()                    //没有形参,没有返回值
{
    int a, b;                  //在函数体内定义变量
    double c;
    cin >> a >> b;             //在函数体内输入变量
    c = 1.0 * a / b;
    cout << c << endl;         //在函数体内输出结果
}
```

一个函数可以有返回值,也可以没有返回值;可以有形参,也可以没有形参,是否需要根据实际情况而定。

第三节 函数的调用

除了主函数 main 之外,用户自定义函数并不能够独立执行,必须通过主函数 main 或者其他函数的调用才能引发函数的执行。函数调用的一般形式如下所示。

函数名(实参列表)

一、实参列表

在调用函数时,函数名后面括号中的表达式称为实际参数,简称实参。
（1）实参可以是常量、变量、表达式、指针,实参必须有确定的值。
（2）实参与形参的个数、类型、次序要一一对应。
（3）函数调用时,将实参的值赋给形参变量。
（4）实参和形参占用不同的存储单元,名字可以相同,也可以不同。

二、函数调用的形式

函数调用可以出现在任何可以使用表达式的地方,也能以语句的形式独立出现。

1、语句形式

当调用没有返回值的函数,或者有返回值但不使用返回值的函数时,函数调用以语句的形式出现,语句后面有分号。

例 9-2：调用有参无返的函数 fun2,代码如程序段 9-2 所示。

程序段 9-2

```
#include<iostream>
using namespace std;
//定义函数 fun2,有参无返
void fun2(int a, int b)
{
```

```
        double c;
        c = 1.0 * a / b;
        cout << c << endl;
}
//主函数 main( )
int main( )
{
        int x, y;
        cin >> x >> y;
        fun2(x, y);         //以语句形式调用函数 fun2,将实参 x、y 依次赋给形参 a、b
        return 0;
}
```

2、表达式形式

调用有返回值的函数,函数调用一般出现在表达式中。

例 9-3:调用有参有返的函数 fun1,代码如程序段 9-3 所示。

程序段 9-3

```
#include<iostream>
using namespace std;
//定义函数 fun1,有参有返
double fun1(int a, int b)
{
        double c;
        c = 1.0 * a / b;
        return c;
}
//主函数 main( )
int main( )
{
        int x, y;
        double z;
        cin >> x >> y;
        z = fun1(x, y);      //函数调用出现在赋值表达式中
        cout << z << endl;
        return 0;
}
```

调用函数 fun1,将实参 x、y 的值依次传递给形参 a、b。函数 fun1 执行完返回 main 函数的调用位置,并且将函数返回值赋给 z 变量,然后从调用位置继续往下执行。

函数调用与返回的过程如图 9-3 所示。

```
//主函数 main()
int main()
{
    int x, y;
    double z;
    cin >> x >> y;
    z = fun1(x, y);
    cout << z << endl;
    return 0;
}
```

```
//定义函数 fun1
double fun1(int a, int b)
{
    double c;
    c = 1.0 * a / b;
    return c;
}
```

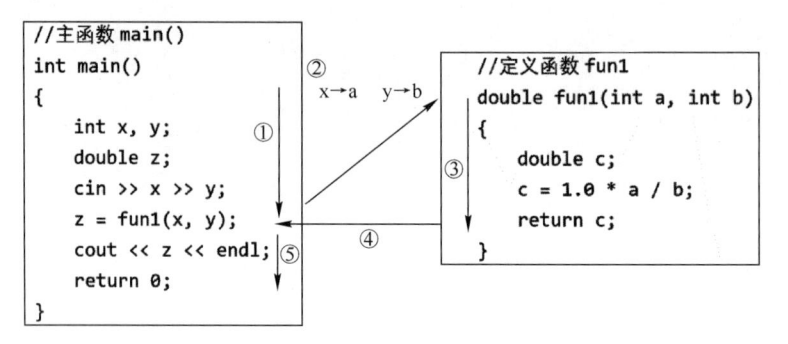

图 9-3 函数调用与返回的过程

第四节 函数的声明

在 C++程序中，使用函数前首先需要对函数原型进行声明。函数声明的作用就是告诉编译器：函数的名称、类型和形参，编译器可以检查函数使用是否正确。

函数声明的形式如下所示。

> 返回值类型 函数名(形参列表);

函数原型声明的原则如下。

（1）如果函数定义在先，调用在后，则无须函数声明。在例 9-3 中，函数定义在先，主函数 main 在后，所以不需要函数声明。

（2）如果函数定义在后，调用在先，则必须事先声明函数原型，避免发生编译错误。

例 9-4：调用有参有返的函数 fun1，代码如程序段 9-4 所示。函数定义在后，调用在前，所以在程序的前面必须进行函数声明（程序第三行）。

程序段 9-4

```cpp
#include<iostream>
using namespace std;
double fun1(int a, int b);    //函数声明，语句后面有分号
//主函数 main()
int main()
{
    int x, y;
    double z;
    cin >> x >> y;
    z = fun1(x, y);
    cout << z << endl;
    return 0;
}
//定义函数 fun1
double fun1(int a, int b)
```

```
    double c;
    c = 1.0 * a / b;
    return c;
}
```

第五节　参　数　传　递

函数的调用从参数传递开始，然后执行函数体，最后返回调用位置。其中参数传递的实质就是实参传递给形参的过程。实参与形参的传递方式分为三类：传值调用、传址调用和引用调用。传值调用是传递变量本身的值；传址调用是传递变量地址的值；引用调用也是传递变量地址的值。

一、传值调用

把实参表达式的值传送给对应的形参变量的传递方式，称为传值调用。

函数调用时，系统为形参分配存储单元，将实参的值传递给形参；在函数体中的操作都是在形参的存储单元中进行，对形参的任何改变都与实参无关。当函数调用结束，释放形参所占用的存储单元，返回主调函数。传值调用的特点是实参向形参的单向传递。

例 9-5：阅读程序段 9-5，分析运行结果。

程序段 9-5

```
#include<iostream>
using namespace std;
int fun( int a);                //函数声明
//主函数
int main( )
{
    int a, result;
    cin >> a;
    cout << "函数调用前，a 的值=" << a << endl;
    result = fun(a);            //实参 a
    cout << "函数调用后，a 的值=" << a << endl;
    return 0;
}
//定义函数
int fun( int a)                 //形参 a
{
    a = 2 * a;                  //形参 a 的值发生改变
    return a;                   //返回结果
}
```

运行结果如图 9-4 所示。实参和形参都为 a，但是占用不同的存储单元。函数调用时，实参 a 的值传递给形参 a 之后，形参 a 的变化与实参 a 再无关系。

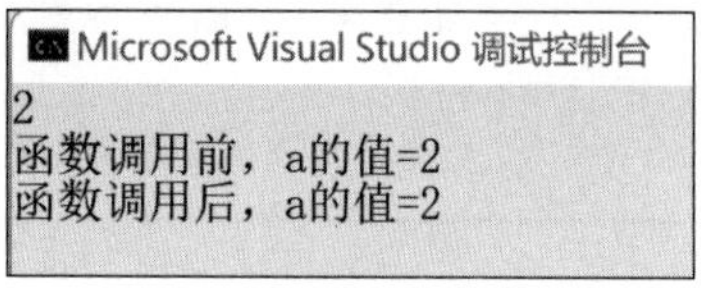

二、传址调用

数组作为参数传递时，默认传递方式是传址调用。形参数组和实参数组使用相同的内存空间，在被调函数中对形参数组的任何修改都会影响对应实参数组的内容。

图 9-4 按值传递的结果

形参数组的写法如下所示。

```
类型 形参数组名[ ]
```

例如，void sort(int a[ ])

实参数组的写法如下所示。

```
实参数组名
```

例如，sort(a) ;

实参使用数组名调用，本质上是将这个数组的首地址传递到形参中。

例 9-6：对含有 10 个整数的整型数组 a，从大到小进行排序。在主函数 main( ) 中输入输出数组元素，在 sort( ) 函数中用冒泡排序法对数组元素进行降序排序，数组作为函数参数进行传递调用。代码如程序段 9-6 所示。

程序段 9-6

```cpp
#include<iostream>
using namespace std;
void sort( int a[ ] );
int main( )
{
    int a[10], i, j, t;
    for (i = 0; i < 10; i++)              //输入 10 个整数
        cin >> a[i];
    sort(a);                              //调用函数 sort( )
    for (i = 0; i < 10; i++)              //输出排序结果
        cout << a[i] << " ";
    return 0;
}
void sort( int a[ ] )                     //sort( )函数，冒泡排序法降序排序
{
    int i, j, t;
    for (i = 0; i < 9; i++)               //冒泡排序，循环 9 次
    {
        for (j = 0; j < 9 - i; j++)       //一趟冒泡排序
```

```
            }
                if ( a[j] < a[j + 1] )                    //两两比较大小
                {
                    t = a[j]; a[j] = a[j + 1]; a[j + 1] = t;      //交换
                }
            }
        }
    }
}
```

三、引用调用

引用就是为变量再起一个别名。语法格式如下。

数据类型 & 别名 = 原名

"&"是取地址运算符，引用的作用即是创建一个引用变量。引用变量是变量的另一个别名，它们两个共享同一个内存地址，只是名字不同而已。例如，

int a = 10;   //a 是整型变量
int &b = a;   //b 是 a 的别名

引用调用时，形参是引用变量，实参只能是变量名。引用参数传递的特点是实参和形参公用内存单元，形参的改变直接影响对应实参的内容。

例 9-7：输入两个整数，交换两个整数的值。例如，输入 2 和 3，输出 3 和 2。代码如程序段 9-7 所示。

程序段 9-7

```
#include<iostream>
using namespace std;
void Swap( int& x, int& y)        //交换数值函数，形参是引用变量
{
    int t = x;
    x = y;
    y = t;
}
int main( )
{
    int a, b;
    cin >> a >> b;
    Swap(a, b);                //引用调用交换数值函数
    cout << a << " " << b << endl;
    return 0;
}
```

第六节　嵌套调用和递归调用

一、嵌套调用

在一个函数中调用其他函数称为函数嵌套。除了 main( ) 函数，其他的函数是独立平行的，函数之间可以互相调用。比如主函数调用 a 函数，a 函数再调用 b 函数，这便形成函数的嵌套调用。

例 9-8：求正整数 m 和 n 的最大公约数和最小公倍数。代码如程序段 9-8 所示。

程序段 9-8

```cpp
#include<iostream>
using namespace std;
int gcd(int m, int n);
int sct(int m, int n);
int main()
{
    int m, n;
    cin >> m >> n;
    cout << "最大公约数=" << gcd(m, n) << endl;
    cout << "最小公倍数=" << sct(m, n) << endl;
    return 0;
}
//定义函数 gcd,求最大公约数
int gcd(int m,int n)
{
    int i, max;
    max = m > n ? m : n;
    for (i = max; i > 0; i--)
        if (m % i == 0 && n % i == 0)
            return i;
}
//定义函数 sct,求最小公倍数
int sct(int m,int n)
{
    return m * n/gcd(m,n);
}
```

main 主函数调用 sct 函数，sct 函数又调用 gcd 函数。函数嵌套调用的过程如图 9-5 所示。

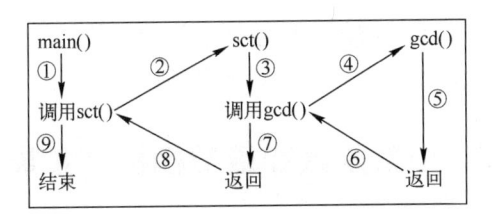

图 9-5　函数嵌套调用的过程

二、递归调用

函数调用时，函数直接或间接地调用自身，称为递归调用。直接调用是指在调用 f1 函数的过程中又调用 f1 函数本身；间接调用是指调用 f1 函数的过程中调用 f2 函数，f2 函数的过程中又调用 f1 函数。

例 9-9：用递归函数求 n！。计算阶乘是递归调用的经典示例。代码如程序段 9-9 所示。

分析：阶乘的计算公式如下。

$$n!=1 \quad (n=0 \text{ 或 } n=1)$$
$$n!=n*(n-1)! \quad (n>1)$$

递归的过程可以理解为，把一个复杂的问题转化为一个个的小问题，而小问题能转化为更简单的问题，直到达到递归的边界。

程序段 9-9

```
#include<iostream>
using namespace std;
int fact(int n);
int main()
{
    int n;
    cin >> n;
    cout << fact(n) << endl;
    return 0;
}
//定义 fact 函数
int fact(int n)
{
    if (n == 1 || n == 0)
        return 1;
    else
        return n * fact(n - 1);    //fact 函数中又调用 fact 函数
}
```

在阶乘调用函数时，通过调用较小的阶乘函数 fact(n-1) 来求解阶乘函数 fact(n)，一直重复发生，直到 n 值达到递归边界（fact(1)=1）。求出 fact(1) 的值，就可以依次回推出 fact(2)、fact(3)……fact(n) 的值。

构成递归需具备的条件：子问题须与原始问题为同样的问题，且更为简单；不能无限制地调用本身，必须有个出口，化简为非递归状况处理。

第七节　函数重载和函数模板（扩展阅读）

一、函数重载

函数重载是函数的一种特殊情况。即定义函数名相同但形参列表（形参个数或形参类型）不同的多个函数，这些函数称为重载函数。常用来处理功能类似但数据类型不同的问题。

例 9-10：编写三个名为 max 的函数，分别判断两个整数的大小、两个浮点数的大小和两个字符的大小。代码如程序段 9-10 所示。

程序段 9-10

```cpp
#include<iostream>
using namespace std;
int max(int a, int b)               //重载函数
{
    return a > b ? a : b;
}
double max(double a, double b)      //重载函数
{
    return a > b ? a : b;
}
char max(char a, char b)            //重载函数
{
    return a > b ? a : b;
}
//主函数
int main()
{
    int a, b;
    double x, y;
    char c1, c2;
    cin >> a >> b;
    cout << "整数比较,最大值是" << max(a, b) << endl;
    cin >> x >> y;
    cout << "浮点数比较,最大值是" << max(x, y) << endl;
    cin >> c1 >> c2;
    cout << "字符比较,最大值是" << max(c1, c2) << endl;
    return 0;
}
```

3 个同名的函数 max，但是形参类型不同。主函数分别调用 3 个重载函数求出了两个整

数、两个浮点数和两个字符的最大值。

函数重载的使用规则如下。

（1）函数重载通常用来命名一组功能相似的函数，这样做减少了函数名的数量，避免了名字空间的污染，对于程序的可读性有很大的好处。

（2）重载函数的参数必须不同：参数个数不同或参数类型不同。编译程序会根据实参和形参的类型及个数的最佳匹配来选择调用哪一个函数。

（3）各个重载函数的返回类型可以相同，也可以不同。但如果函数名相同、形参表相同，仅仅是返回类型不同，则函数重载是非法的。

二、函数模板

函数模板是创建一个抽象通用的函数，函数类型和形参的类型不具体指定，用一个虚拟类型来代表。凡是函数体相同的函数都可以调用这个函数模板，系统会根据实参的类型来取代模板中的虚拟类型，从而实现不同函数的功能。

函模板的定义形式如下。

```
template<typename 类型参数>
函数类型 函数名(形参列表)
{
    函数体
}
```

其中 template 和 typename 是关键字。

类型参数和函数类型是一个虚拟类型，可以是任何一个合法的标识符。在调用函数模板时指定具体的类型，从而创建对应的函数。

例 9-11：定义一个函数模板，求两个数据的最大值。代码如程序段 9-11 所示。

程序段 9-11

```cpp
#include<iostream>
using namespace std;
//创建函数模板
template<typename T>
T Max(T a,T b)
{
    return a > b ? a : b;
}
//主函数
int main()
{
    int a, b;
    double x, y;
    char c1, c2;
    cin >> a >> b;
```

```
        cout << "整数比较,最大值是" << Max(a, b) << endl;
        cin >> x >> y;
        cout << "浮点数比较,最大值是" << Max(x, y) << endl;
        cin >> c1 >> c2;
        cout << "字符比较,最大值是" << Max(c1, c2) << endl;
        return 0;
    }
```

调用函数模板时,编译器会根据实参的类型自动确定函数模板中的类型参数。

三、函数重载和函数模板的区别

函数重载与函数模板是两个有些相似的概念,它们使用的函数名都一样,但用处不同。

函数重载用于定义功能相似的多个同名函数,提高函数的易用性;函数模板则用于为功能相同的函数提供统一的模板,提高函数编写的效率。

对于函数重载而言,函数模板不需要重复定义,所以使用起来比函数重载更简洁。但函数模板只适用于函数的参数个数相同而类型不同,且函数体相同的情况;而函数重载适用于参数个数不同或参数类型不同的场合。

第八节　变量的作用域和生存期（扩展阅读）

C++变量有作用域和生存期两个属性,从空间和时间两个不同的维度描述了一个变量。

一、变量的作用域

变量的作用域就是变量的作用范围,变量可分为局部变量和全局变量。

1、局部变量

局部变量是指在一个函数内部定义的变量,在函数之外是不可访问的。

2、全局变量

全局变量是指在所有函数外部定义的变量,在其作用域内的所有函数都可以访问。

例如,下面程序段,展示了不同定义位置的变量的作用域。

```
    int a;                  //a 是全局变量
    int fun(int b)          //形参 b 是局部变量
    {
        return a * b;
    }
    int main()
    {
        a = 10;             //在主函数中为全局变量 a 赋值
        int c = 20;         //c 是局部变量
        cout << fun(c);
    }
```

a 是全局变量，作用范围是整个程序，在主函数中被赋值，在 fun 函数中被使用；b 是局部变量，只在 fun 函数中有效；c 是局部变量，只在主函数 main 中有效。

二、生存期

变量的生存期就是变量占用内存的时间，即变量从生成到被撤销的时间。根据生存期的不同，变量可分为自动、静态、外部和寄存器等类型。本章重点介绍自动变量和静态变量。

1、自动变量

程序中定义的变量，系统都会默认为自动变量（也称为动态变量）。例如，

```
int i,j,k;
char c;
```

函数执行时，系统会为自动变量分配存储空间，函数执行结束后释放其存储空间，即自动变量每次被调用都会被赋初值。

例 9-12：自动变量的使用。代码如程序段 9-12 所示。

程序段 9-12

```cpp
#include <iostream>
using namespace std;
int fun( )
{
    int x = 0;      //定义自动局部变量x，初值为0
    x++;
    return x;
}
int main( )
{
    for( int i=0;i<10;i++)
        cout << fun( ) << "\t";
    cout << endl;
    return 0;
}
```

运行结果如图 9-6 所示。自动局部变量 x 只能在其定义的函数 fun( ) 中有效，每次调用 fun( ) 函数，系统都会为变量重新分配存储空间并赋初值 0。

```
Microsoft Visual Studio 调试控制台
1    1    1    1    1    1    1    1    1    1
```

图 9-6 "自动变量的使用"运行结果

2、静态变量

静态变量的类型说明符是 static。静态变量是在函数开始运行之前就为其分配存储空间，只有第一次调用会赋初值，其余调用时，其值都是上次调用该函数执行结束后的值。

例 9-13：静态变量的使用。代码如程序段 9-13 所示。

程序段 9-13

```cpp
#include <iostream>
using namespace std;
int fun( )
{
    static int x = 0;    //定义静态局部变量 x，初值为 0
    x++;
    return x;
}
int main( )
{
    int i;
    for (i = 0; i < 10; i++)
        cout << fun( ) << " \t";
    cout << endl;
    return 0;
}
```

运行结果如图 9-7 所示。静态局部变量 x 的生存期是整个程序运行期间。静态变量的初值在程序运行之前赋值为 0，以后在程序的运行期间不再赋初值，而是使用变量的新值。

```
Microsoft Visual Studio 调试控制台
1    2    3    4    5    6    7    8    9    10
```

图 9-7 "静态变量的使用"运行结果

本 章 小 结

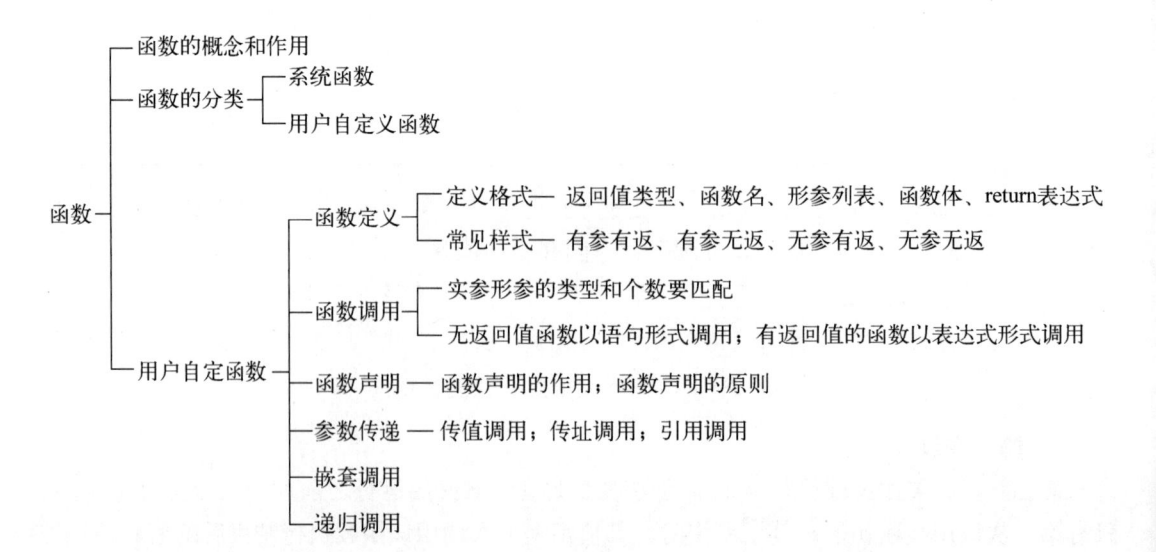

```
         ┌─ 函数的概念和作用
         │
         │  函数的分类 ┌─ 系统函数
         │            └─ 用户自定义函数
         │
函数 ─────┤            ┌─ 函数定义 ┌─ 定义格式── 返回值类型、函数名、形参列表、函数体、return表达式
         │            │          └─ 常见样式── 有参有返、有参无返、无参有返、无参无返
         │            │
         │            │  函数调用 ┌─ 实参形参的类型和个数要匹配
         │            │          └─ 无返回值函数以语句形式调用；有返回值的函数以表达式形式调用
         │ 用户自定函数┤
         │            │  函数声明 ── 函数声明的作用；函数声明的原则
         │            │
         │            │  参数传递 ── 传值调用；传址调用；引用调用
         │            │
         │            │  嵌套调用
         │            │
         │            └─ 递归调用
```

习 题 九

一、单选题

1、在调用函数时，如果实参是简单变量，它与对应形参之间的数据传递方式是_____。

    A. 传递方式由用户指定

    B. 地址传递

    C. 单向值传递

    D. 由实参传给形参，再由形参传回实参

2、以下程序的输出结果是_____。

```
int a, b;
void fun()
{
    a = 100;
    b = 200;
}
int main()
{
    int a = 5, b = 7;
    fun();
    cout << a << " " << b << endl;
    return 0;
}
```

    A. 5　7

    B. 200　100

    C. 7　5

    D. 100　200

3、在函数声明时，下列_____项是不必要的。

    A. 函数的类型

    B. 函数形参类型

    C. 函数的名字

    D. 返回值表达式

4、C++程序的模块化是通过以下哪个选项实现的_____。

    A. 变量

    B. 语句

    C. 函数

    D. 程序行

5、以下叙述正确的是_____。

A. 通过分解为简单子任务，可以完成任何复杂任务

B. 每个结构化程序都要包含全部三种基本结构

C. C++程序只能包含一个自定义函数

D. C++程序允许使用多个 main 函数，只要它们的函数体各不相同即可

6、下面叙述中错误的是_____。

A. C++程序是由函数组成的

B. C++的函数可以直接使用，无须事先定义或声明

C. C++的函数就是一段程序

D. C++的函数是平行独立的

7、在 C++程序中，main 的位置_____。

A. 必须作为第一个函数

B. 必须作为最后一个函数

C. 可以任意

D. 必须放在它所调用的函数之后

8、下列关于 C++函数的叙述中，正确的是_____。

A. 每个函数都必须有参数

B. 每个函数都必须返回一个值

C. 函数可以嵌套定义

D. 函数可以自己调用自己

9、下面函数调用语句含有实参的个数为_____。

y=func(a,b,max(d,e));

A. 5

B. 2

C. 3

D. 4

10、以下正确的函数定义形式是_____。

A. double fun(int x,int y)

B. double fun(int x;int y)

C. double fun(int x,int y);

D. double fun(int x,y);

11、以下叙述中正确的是_____。

A. 构成 C++程序的基本单位是函数

B. 可以在一个函数中定义另一个函数

C. main 函数必须放在其他函数之前

D. 所有被调函数一定要在调用之前进行定义

12、函数返回值的类型是由_____。

A. return 语句中的表达式类型所决定

B. 由被调用函数的类型所决定

C. 由主调函数中的实参数据类型所决定

D. 由被调函数中的形参数据类型所决定

13、设有一函数 f(int b[ ])，在某一主调函数中有 f(a)，其中 a 是一个整型数组且已赋值，则正确的叙述是_____。

A. a 数组与 b 数组各占用不同的存储空间

B. 对 b 数组值的修改不影响 a 数组的值

C. 对 b 数组元素值的修改实际上就是修改 a 数组

D. 实参与形参的结合是双向传递

14、以下正确的说法是_____。

A. 实参变量和与其对应的形参变量各占用独立的存储单元

B. 实参变量和与其对应的形参变量共占用同一个存储单元

C. 当实参变量和对应的形参变量同名时，才占用相同的存储单元

D. 形参变量是虚拟的，不占用存储单元

15、有以下函数定义：

```
voidfun(intn, double x) { …… }
```

若以下选项中的变量都已正确定义并赋值，则对函数 fun 的正确调用语句是_____。

A. fun(int y, double m);

B. k = fun(10, 12.5);

C. fun(x, n);

D. void fun(n, x);

16、在一个被调用函数中，关于 return 语句使用的描述，错误的是_____。

A. 被调用函数中可以不用 return 语句

B. 被调用函数中可以使用多个 return 语句

C. 被调用函数中，如果有返回值，就可以有 return 语句

D. 被调用函数中，一个 return 语句可以返回多个值

17、关于函数的返回值，说法正确的是_____。

A. 由 return 语句返回时，只带回一值，其类型在函数定义时确定

B. 其类型由调用表达式决定

C. 函数可以没有返回值，这时在函数定义时，函数的类型说明就没有必要了

D. 函数调用就要有返回值，否则调用就没有意义了

二、判断题

1、函数定义是函数的实现，函数调用是函数的使用。

2、定义一个 void 型函数意味着调用该函数时，函数没有返回值。

3、C++程序中的函数，既可以嵌套定义，也可以嵌套调用。

4、函数调用时，实参将数据传递给形参后，立即释放原先占用的存储单元。

5、C++中，函数原型声明不能标识函数的功能。

6、函数形参的作用域是该函数的函数体。

7、在一个函数中定义其他函数称为函数嵌套。

8、C++程序中，形参是局部变量，函数调用完成即失去意义。

三、填空题

1、若有以下调用语句，则正确的 fun 函数首部是_____。

```
int main( )
{
    int a;float x;
    ……
    fun(x,a);
    ……
}
```

2、若函数的定义处于调用它的函数之前，则在程序开始可以省去该函数的_____语句。

3、在 C++中参数传递方式有_____、传址调用和引用调用。

4、C++中，函数有系统函数和_____。

5、函数的递归调用是指函数直接或间接地调用_____。

6、下面程序的执行结果_____。

```
int func(int a, int b)
{
    return(a + b);
}
int main( )
{
    int x = 2, y = 5, z = 8, r;
    r =func(func(x, y), z);
    cout << r;
}
```

7、函数 fun 的功能：求 1 - 1/3 + 1/5 - 1/7 +…… 多项式的前 n 项和。划线处应填_____。

```
float fun(int n)
{
    float s = 0, f = 1;
    int i;
    for (i = 1; i <= n; i++)
    {
        s=s+f/(2*i-1);
        _____
    }
    return s;
}
```

实验九 函　　数

一、在主函数中输入三个整数，利用 max 函数求三个数中的最大数。函数 max 的功能是返回两个整数中的最大数，函数 max 代码如下。

```
int max( int m, int n)
{
    return m > n ? m : n;
}
```

二、编写分段函数 fun，实现任意一个数 x，然后按照如下规则求出对应的 y 值。

$$y = \begin{cases} 1 & x < -10 \\ x & -10 <= x < 0 \\ x^2 + 4 & 0 <= x < 10 \\ x^3 + x + 1 & x >= 10 \end{cases}$$

三、编写函数 isprime(int n)，判断变量 n 是否为素数，如果是，返回 true；否则返回 false。

四、调用 isprime(int n) 函数，输出 100～200 之间的所有素数。程序执行样例如下图所示。

```
Microsoft Visual Studio 调试控制台
101  103  107  109  113  127  131  137  139  149
151  157  163  167  173  179  181  191  193  197
199
```

五、编写函数 reverse(int n)，判断是否是回文数。如果是，返回 true；否则返回 false。

六、利用例 9-7 的递归函数 int fact(int n)，求多项式 1/1!+1/2!+1/3!+……+1/n!的和，n 从键盘输入。程序执行样例如下图所示。

```
Microsoft Visual Studio 调试控制台
4
1.70833
```

七、斐波那契数列 1，1，2，3，5，8……，输出数列的前 20 项。函数 fib( ) 计算该数列的前 20 项，该函数声明：

```
void fib( int a[ ] );
```

第十章 指 针

学习目标：
1、理解指针和指针变量的概念。
2、掌握指针变量的定义、初始化、使用。
3、掌握指向数组和字符串的指针变量的定义、赋值、访问。
4、掌握指针变量作为函数参数；理解指针函数。
5、扩展阅读：函数指针变量。此部分不作为考试内容。

建议学时： 6 学时

教师导读：
1、指针是 C++ 的重要概念和特色。本章要求考生熟练掌握指针的使用。
2、要求考生熟练掌握指针变量的应用，能编写程序解决问题。
3、要求考生理解指针函数的概念，能阅读相关程序。

指针是 C++ 的一个重要概念。本章介绍指针和指针变量；指向数组元素的指针变量；指向字符串的指针变量；作为函数参数和返回值的指针变量，以及函数指针变量。

第一节 指针和指针变量

一、指针

1、地址

计算机内存是以字节为单位的存储空间，内存的每个字节都有唯一的编号，这个编号就称为地址。

在 C++ 程序中定义一个变量时，系统会分配相应的内存空间来存储这个变量，不同类型的变量分配的内存空间是不一样的，例如，int 变量分配 4 个字节，char 变量分配 1 个字节。变量所占内存空间的第一个字节的地址就是该变量的地址。例如，下面的变量定义。

```
int n = 72;
```

系统为 int 变量 n 分配 4 个字节的内存空间，假设内存空间地址如图 10-1 所示，变量 n 占用 0x1000、0x1001、0x1002 和 0x1003 共 4 个字节内存空间，则变量 n 的地址就是 0x1000（地址通常用十六进制表示）。

2、指针

变量在内存中的地址称为变量的指针，例如，在图 10-1 中，0x1000 就是变量 n 的指针。

内存地址	0x1003	0x1002	0x1001	0x1000
变量n的值	00000000	00000000	00000000	01001000

图 10-1　变量的内存地址

程序中使用的其他数据，如数组、字符串、函数等，系统也会分配内存空间，因此这些数据也有相应的指针。

二、指针变量

1、指针变量的定义

指针变量是指存放内存地址的变量，即存放指针的变量。当指针变量中存放某个数据的地址时，一般称为指针变量指向该数据。

和其他变量一样，指针变量必须先定义后使用。指针变量的定义格式如下。

　　数据类型 * 指针变量名列表；

例如，

```
char * ch;
int * i, * j, * k;
float * f, * ave;
```

说明：

（1）数据类型表示指针变量所指向数据的类型。指针变量只能指向定义时所指定类型的数据。例如，上面定义中的指针变量 i 只能指向 int 类型的数据。

（2）指针变量名前的 * 是说明符，表示该变量为指针变量，它不属于指针变量名。

（3）同时定义多个指针变量时，每个变量前面都要有 *，否则就是普通变量。

例如，

　　int * i, j, k;　　//定义指针变量 i 和普通变量 j、k

（4）和其他变量一样，系统也会为指针变量分配内存空间。不过指针变量占用的内存与所指向的数据类型无关，也就是说，无论指针变量指向哪种数据类型，其占用的内存空间都是相同的，只与系统位数有关。

2、相关运算符

在程序中使用指针变量时，以下两个运算符必不可少：
- & 取地址运算符。
- * 指针运算符，也称间接寻址运算符。

例如，&n 表示变量 n 的地址，*p 表示指针变量 p 所指向的数据的值。

3、指针变量的初始化

指针变量定义后，要正确使用需要先进行初始化。

指针变量初始化的方法可以有以下两种。

（1）定义指针变量的同时进行初始化

例如，

```
int a = 5;
int * p = &a;    //定义指针变量 p，同时将变量 a 的地址赋给 p 进行初始化
```

假设变量 a 的地址是 0x2000，指针变量 p 的地址是 0xFA70，初始化后指针变量 p 的值为变量 a 的地址 0x2000，即指针变量 p 指向变量 a，如图 10-2 所示。

内存地址	0xFA70		0x2000
变量值	0x2000	→	5
变量名	p		a

图 10-2　指针变量初始化

（2）先定义指针变量，再用赋值语句进行初始化

例如，

```
int a;
int * p;
p = &a;    //将变量 a 的地址赋给指针变量 p
```

注意：在赋值语句 p = &a; 中，指针变量名是 p，前面不能有 *。

4、指针变量的运算

指针变量中存放的是地址，地址是一个整数，因此指针变量可以进行加、减、关系等运算。

（1）指针变量与整数的加减运算

指针变量与整数进行加减运算时，并不是直接加减整数值，而是由指针变量指向的数据类型的字节数决定实际的加减值，指针变量指向的数据类型不同，加减的值也不同。同样是指针变量加 1，当指针变量分别指向 int、float、double、char 类型的数据时，实际增加的字节数分别为 4、4、8、1。

例如，

```
int a, * p1 = &a;
char c, * p2 = &c;
p1++;
p2 = p2 - 2;
```

假设变量 a 的地址是 0x2000，初始化后指针变量 p1 的值为 0x2000。int 变量占用 4 个字节内存，因此执行 p1++ 后，p1 的值变为 0x2004，将指向内存中 a 后面的数据。

同理，假设变量 c 的地址是 0x5000，初始化后指针变量 p2 的值为 0x5000。char 变量占用 1 个字节内存，因此执行 p2=p2-2 后，p2 的值变为 0x4998。

（2）指针变量之间的减法运算

两个指向相同类型数据的指针变量之间可以进行减法运算，结果是两个指针之间的数据

个数。

例如，p1 和 p2 都是指向 int 类型数据的指针变量，每个 int 数据占 4 个字节，那么 p2-p1 将进行(p2-p1)/4 的计算，得到两个指针变量之间的数据个数。

假设 p1 和 p2 的值分别为 0x2000 和 0x2020，p2-p1 的运算结果就是 5。

（3）指针变量之间的关系运算

两个指向相同类型数据的指针变量之间可以进行关系运算，如，==、< 和 >。

对指针变量进行关系运算时，比较的是指针变量本身的值，即数据的地址。

5、指针变量的使用

例 10-1：使用指针变量输出两个整数中较大的数。代码如程序段 10-1 所示。

程序段 10-1

```
#include <iostream>
using namespace std;
int main( )
{
    int n1, n2, max;
    int * p1, * p2;         //定义指针变量 p1 和 p2
    cout << "输入两个数:";
    cin >> n1 >> n2;
    p1 = &n1;               //指针变量 p1 指向 n1
    p2 = &n2;               //指针变量 p2 指向 n2
    max = * p1;             //将指针变量 p1 指向的 n1 的值赋给 max
    if ( max < n2 )
    {
        max = * p2;
    }
    cout << "大数是" << max << endl;
    return 0;
}
```

代码运行结果如图 10-3 所示。

注意：

（1）语句 int * p1, * p2;中的 * 是指针说明符，表示 p1 和 p2 是指针变量。而语句 max = * p1;中的 * 则是指针运算符，* p1 表示指针变量 p1 所指向的变量的值，即变量 n1 的值。两个 * 的含义不同，使用时要注意区分。

图 10-3 两个整数中较大的数

（2）语句 max = * p1;中的 * p1 表示 p1 所指向的变量 n1 的值，可以说 * p1 等价于 n1，因此该语句相当于 max = n1;。

假设变量 n1 的地址是 0x1500，指针变量 p1 的地址是 0xFF50，指针变量 p1 的值为变量 n1 的地址 0x1500，* p1 表示获取地址 0x1500 上的数据，即变量 n1 的值，该示例如图 10-4 所示。

* p1 等价于 n1，因此也可以对它赋值。

```
内存地址    0xFF50              0x1500
变量值     ┌──────┐           ┌──────┐
          │0x1500│──────────▶│  5   │
          └──────┘           └──────┘
内存空间表示    p1                n1或*p1
```

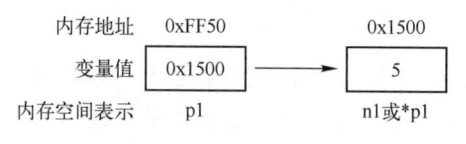

图 10-4　指针运算符示例

例如，

　　　　* p1 = 25;　　//相当于 n1 = 25;

对 * p1 赋值之前也必须先对指针变量 p1 进行初始化。

（3）在程序中对变量进行的读写操作，实际上是将数据读出或写入变量的内存空间。C++中一般有以下两种方法进行操作。

第一种是使用变量名，直接读写变量的数据，也称为直接引用。第二种是使用指针变量，间接读写变量的数据，也称为间接引用。首先利用指针变量名获取其中的地址值，这个地址值指向一个变量，然后通过地址值读写变量中的数据。

第二节　指针和数组

数组是具有相同类型的数据的集合，数组中的所有元素连续存放在内存中，都有相应的地址，因此指针变量也可以指向数组和数组元素。由于篇幅有限，本节中的数组仅涉及一维数组。

一、指向数组元素的指针变量的定义和赋值

1、指向数组元素的指针变量的定义

指向数组元素的指针变量定义方法与第一节中指向变量的指针变量定义方法相同。例如，

　　　　int a[5];
　　　　int * p;

定义的指针变量 p 用来指向任何的 int 类型数据，如果要指向数组元素，则需要进行相应的赋值。

2、指向数组元素的指针变量的赋值

例如，

　　　　p = &a[0];

将数组元素 a[0] 的地址赋给指针变量 p，也就是 p 指向数组元素 a[0]。

在 C++中，数组名代表数组的首地址，即数组元素 a[0] 的地址，因此上面的赋值语句也可以写为：

　　　　p = a;

赋值也可以在定义指针变量的同时进行。例如，

```
int a[5];
int * p = &a[0];        //也可以写为 int * p = a;
```

二、访问数组元素

访问数组元素主要有两种方法：下标法，指针法。

1、下标法访问数组元素

使用数组名[下标]的形式访问数组元素，如 a[0]、a[i]等。这种方法在前面的章节中有详细讲解，不再赘述。

2、指针法访问数组元素

使用指针运算符 * 来访问数组元素，如 * p、*(a+1)等。

例如，

```
int a[5];
int * p = a;
*p = 10;          // 也可以写为 *a = 10;
```

经过定义与赋值，指针变量 p 指向了数组 a 的第一个元素 a[0]，因此 * p 就表示数组元素 a[0]，语句 * p = 10; 等价于 a[0] = 10;。

指针变量 p 指向数组的第一个元素时，使用 *(p+i)就可以访问数组的第 i 个元素。因为 a 也表示数组首地址，所以访问数组的第 i 个元素也可以使用 *(a+i)的形式。

指针变量 p 也可以指向数组的其他元素，当 p 指向数组的第 n 个元素时，*(p+i)表示访问数组的第 n+i 个元素。而数组名 a 是常量，它的值不能改变，只能指向数组的开头。

例 10-2： 输入数组的所有元素，然后反向输出。代码如程序段 10-2 所示。

程序段 10-2

```cpp
#include <iostream>
using namespace std;
int main( )
{
    int a[5], i;
    int * p = a;
    cout << "输入数组的 5 个数:";
    for (i = 0;i < 5;i++)
        cin >> *(a + i);              // *(a + i)表示数组元素 a[i]
    cout << "反向输出:";
    for (i = 4;i >= 0;i--)
    //从数组最后一个元素开始,依次向前输出元素
        cout << *(p + i) << " ";      // *(p + i)也表示数组元素 a[i]
    return 0;
}
```

代码运行结果如图 10-5 所示。

在程序段 10-2 中，指针变量 p 的值一直没有改变，始终指向数组的第一个元素，访问数组的不同元素是通过 *(p+i) 中 i 值的变化来实现的。

因为本身是变量，所以 p 的值也可以改变。程序段 10-3 就是通过指针变量 p 的改变来访问数组的不同元素，p 依次指向不同的数组元素。

图 10-5 反向输出数组元素

程序段 10-3

```
#include <iostream>
using namespace std;
int main( )
{
    int a[5], i;
    int * p = a;
    cout << "输入数组的 5 个数:";
    for (p = a;p < a + 5;p++)      //p++使 p 指向数组的下一个元素
        cin >> *p;
    cout << "反向输出:";
    for (p = p - 1;p >= a;p--)
    //p 先指向数组最后一个元素，然后用 p--依次指向前一个元素，完成反向输出
        cout << *p << " ";
    return 0;
}
```

代码运行结果如图 10-6 所示。

图 10-6 改变指针变量的值访问数组元素

注意：数组名 a 是常量，它的值不能改变，因此程序中的 p++ 或 p-- 不能写为 a++ 或 a--。

第三节 指针和字符串

C++ 中的字符串用字符数组存储，因此可以使用指向字符数组的指针变量来对字符串进行操作。

一、指向字符串的指针变量的定义和赋值

1、字符指针变量指向字符数组

字符串存放在事先定义的字符数组中。

例如，

```
char str[10] = "computer";
char * sp;          //定义指向 char 类型数据的指针变量 sp
sp = str;           //字符数组名 str 代表数组的首地址
```

指针变量 sp 指向字符数组 str 的第一个元素，数组 str 中存放着字符串"computer"。

2、字符指针变量直接指向字符串

没有事先定义的字符数组。

例如，

```
const char * sp = "computer";
```

注意：在 Visual Studio 2022 中，字符指针变量直接指向字符串时，因为字符串是常量，所以需要在 char 前面加 const，否则程序运行时会有错误提示。

上面的语句也可以写为：

```
const char * sp;
sp = "computer";
```

二、访问字符串中的字符

访问字符串中的字符元素可以使用指针运算符 *。根据字符指针变量的不同指向，访问字符有以下两种情况。

（1）情况 1

如果字符指针变量指向字符数组，则数组中的每个字符都可以读取和写入。

例如，

```
char c, str[10] = "computer";
char * sp = str;
*sp = 'X';          //将字符'X'通过赋值写入 *sp 中
c = *(sp + 2);      / 读取 *(sp+2) 中的字符，赋值给变量 c
```

字符指针变量 sp 指向字符数组 str 的第一个元素，所以使用 *(sp+i) 就可以访问数组的第 i 个元素。*sp 表示数组元素 str[0]，*(sp+2) 表示数组元素 str[2]。

数组名 str 表示数组首地址，所以访问数组的第 i 个元素也可以使用 *(str+i)。上面的赋值语句也可以写为，

```
*str = 'X';
c = *(str + 2);
```

（2）情况 2

如果字符指针变量指向字符串常量，需要注意，字符串中的字符只能读取而不能写入，也就是不能修改字符值。

例如，

```
const char * sp = "computer";
 * sp = 'X';            //写入操作错误，会提示"不能给字符串常量赋值"
c = *(sp + 2);         //可以读取字符并赋值给c
```

在上述两种情况中，访问字符数组的不同字符元素时，除了使用 *(sp+i) 或者 *(str+i)，也可以直接使用 * sp。使用 *(sp+i) 访问时，指针变量 sp 的值不变，固定指向某个字符，i 的值会变化，而使用 * sp 访问时，sp 的值则会通过计算，比如 sp++，发生改变。

例 10-3：输出字符串中所有的大写字母。代码如程序段 10-4 所示。

程序段 10-4

```
#include <iostream>
using namespace std;
int main()
{
    char str[30];
    char * sp = str;
    cout << "输入字符串:";
    cin.getline(sp, 30);              //cin.getline()允许输入的字符串中有空格
    cout << "输出大写字母:";
    for(; * sp != '\0'; sp++)
        if( * sp >= 'A' && * sp <= 'Z')
            cout << * sp;
    cout << endl;
    return 0;
}
```

代码运行结果如图 10-7 所示。

```
Microsoft Visual Studio 调试控制台
输入字符串: Hello WorlD!
输出大写字母: HWD
```

图 10-7　字符串中所有大写字母

第四节　指针和函数

一、指针变量作为函数参数

1、指向普通变量的指针变量作为函数参数

当函数参数是普通变量时，实参和形参间进行的是值传递，而当函数参数是指针变量时，实参和形参间进行的则是地址传递。

指针变量作函数参数时，形参会从实参获得变量的地址，因此形参和实参指向同一个变量。当形参指向的变量发生变化时，实参指向的变量就同时改变。

例 10-4：按从小到大的顺序输出两个整数。代码如程序段 10-5 所示。

程序段 10-5

```
#include <iostream>
using namespace std;
void swap(int * p1, int * p2)          //指针变量 p1 和 p2 为形参
//swap 是交换两个变量值的函数
{
    int temp;                          //变量 temp 辅助两个值交换
    temp = * p1;
    * p1 = * p2;
    * p2 = temp;
}
int main( )
{
    int a, b;
    cin >> a >> b;
    if (a > b)
        swap(&a, &b);                  //变量 a 和 b 的地址为实参
    cout << "从小到大输出:";
    cout << a <<' '<< b << endl;
    return 0;
}
```

代码运行结果如图 10-8 所示。

调用 swap 函数时，实参值 &a 和 &b 分别传递给了形参 p1 和 p2，因此指针变量 p1 和 p2 指向了变量 a 和 b，如图 10-9（1）所示。执行 swap 函数中的语句后，*p1 和 *p2 的值进行了交换，也就是交换了 a 和 b 的值，如图 10-9（2）所示。

图 10-8 按顺序输出两个整数

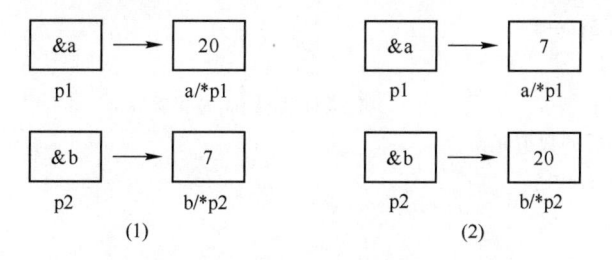

图 10-9 程序段 10-5 执行中的内存示意图

需要注意的是，swap 函数中交换的是指针变量 p1 和 p2 所指向的变量的值，而不是指针变量 p1 和 p2 本身的值。

2、指向数组元素的指针变量作为函数参数

数组名可以作为函数参数,在函数调用时,实参数组的首地址会传递给形参数组,因此,两个数组占用同一段内存空间,形参数组中的元素发生变化时,实参数组中的元素也会有相同的变化。

数组名表示数组的首地址,如果定义一个指向数组第一个元素的指针变量,那么这个指针变量也表示数组的首地址,和数组名含义相同,所以也可以用指向数组第一个元素的指针变量来作为函数参数。

数组名或指针变量作为函数参数有以下四种情况。
- 实参和形参都是数组名;
- 实参是数组名,形参是指针变量;
- 实参是指针变量,形参是数组名;
- 实参和形参都是指针变量。

(1) 数值数组

例 10-5:将数组中的负数用 0 替代。代码如程序段 10-6 所示。

程序段 10-6

```cpp
#include <iostream>
using namespace std;
void replace(int *p,int n)              //指针变量 p 为形参
{
    int i;
    for (i = 0;i < n;i++, p++)
        if (*p < 0)
            *p = 0;
}
int main()
{
    int a[5], i;
    int * pa = a;
    cout << "输入数组元素:";
    for (i = 0;i < 5;i++)
        cin >> a[i];
    replace(pa, 5);                      //指针变量 pa 为实参
    cout << "替换后的数组元素:";
    for (i = 0;i < 5;i++)
        cout << a[i] << ' ';
    return 0;
}
```

代码运行结果如图 10-10 所示。

实参 pa 是指针变量,指向数组 a。调用函数 replace 时,pa 将数组 a 的首地址传递给形

参指针变量 p，因此 p 也指向数组 a。在 replace 函数中，对 *p 进行的赋值实际上是对数组 a 的元素赋值。

```
Microsoft Visual Studio 调试控制台
输入5个数组元素：0 -3 1 -25 9
替换后的数组元素：0 0 1 0 9
```

图 10-10　数组元素替换结果

需要注意，不管使用哪种方式传递数组，都不能在函数内部求得数组长度，因为参数只是一个指针，而不是真正的数组，所以必须要用另外一个参数来传递数组长度。

（2）字符数组

对字符串进行操作时，函数参数也可以使用指向字符数组的指针变量。

例 10-6：将字符串 2 中的数字连接到字符串 1 后面。代码如程序段 10-7 所示。

程序段 10-7

```cpp
#include <iostream>
using namespace std;
void connect(char * p1, char * p2)
{
    for ( ; *p1 != '\0';p1++);           //p1 指向字符串 1 结束符'\0'
    for ( ; *p2 != '\0';p2++)
        if ( *p2 >= '0' && *p2 <= '9')
        {
            *p1 = *p2;
            p1++;
        }
    *p1 = '\0';                          //连接后在字符串 1 末尾添加结束符'\0'
}
int main( )
{
    char str1[30], str2[20];
    char * ps1 = str1;
    char * ps2 = str2;
    cout << "输入两个字符串:" << endl;
    cin.getline(ps1, 30);
    cin.getline(ps2, 20);
    connect(ps1, ps2);
    cout << "连接后的字符串:" << endl;
    cout << ps1 << endl;
    return 0;
}
```

代码运行结果如图 10-11 所示。

实参 ps1 和 ps2 是指针变量，分别指向字符数组 str1 和 str2。调用函数 connect 时，ps1 和 ps2 分别将数组 str1 和 str2 的首地址传递给形参指针变量 p1 和 p2，因此 ps1 和 p1 都指向数组 str1，ps2 和 p2 都指向数组 str2。在 connect 函数中，对 *p1 和 *p2 进行的操作实际上是对数组 str1 和 str2 元素的操作。

因为字符串常量不能修改，所以函数参数尽量不要使用直接指向字符串的指针变量，否则程序运行时可能会出错。

图 10-11　字符串连接

二、指针作为函数返回值

函数的返回值类型可以是 int、float、char 等基本类型，也可以是指针类型。返回值是指针的函数称为指针函数。

指针函数的定义格式如下。

```
数据类型 * 函数名(参数列表)
{
    函数体
}
```

例如，

```
int * func(int n)
{
    //函数体
}
```

函数 func 的返回值为指向 int 类型数据的指针。

在 C++中，每个函数最多只能有一个返回值，如果需要返回多个值，则可以通过指针函数来完成，返回一个指向多个值的指针。

例 10-7：输出两个字符串中较长的字符串。代码如程序段 10-8 所示。

程序段 10-8

```
#include<iostream>
#include<string.h>
using namespace std;
char * longer(char * p1, char * p2)
{
    if (strlen(p1) >= strlen(p2))
        return p1;                  //返回值为指向字符数组的指针
    else
        return p2;
}
int main()
{
```

```
        char str1[30], str2[30];
        char * str;
        char * ps1 = str1;
        char * ps2 = str2;
        cout << "输入两个字符串:" << endl;
        cin.getline(ps1, 30);
        cin.getline(ps2, 30);
        str = longer(ps1, ps2);          //将函数返回的指针赋值给指针变量 str
        cout << "较长的字符串是:" << endl;
        cout << str << endl;
        return 0;
    }
```

代码运行结果如图 10-12 所示。

```
Microsoft Visual Studio 调试控制台
输入两个字符串:
visual studio 2022
computer programming
较长的字符串是:
computer programming
```

图 10-12　输出较长的字符串

三、函数指针变量（扩展阅读）

1、函数指针变量的定义

和程序中的其他数据一样，函数也存放在内存中，调用函数时，通过相应的内存地址找到并执行函数。C++中函数名代表函数内存空间的首地址，因此可以通过函数名来调用函数，前面的章节中采用的就是这种方式。也可以用一个指针变量指向函数所在的内存空间，通过指针变量调用函数。

函数所占用内存的首地址称为函数指针，指向函数指针的变量就是函数指针变量。
函数指针变量的定义格式为：

> 数据类型(*函数指针变量名)(参数列表);

参数说明：
（1）函数指针变量名的括号不能省略。如果写为以下形式：

> 数据类型 * 函数指针变量名(参数列表);

语句就变成了函数声明，表明函数的返回值类型为指针。
（2）参数列表中可以同时给出参数的类型和名称，也可以只给出参数的类型，省略参数的名称。

例如，

> int(*p)(int a);

或者

> int(*p)(int);

都表示定义了一个函数指针变量 p，p 指向的函数有一个 int 类型参数和 int 类型返回值。

2、函数指针变量的使用

定义函数指针变量后，就可以把一个函数的首地址赋给这个指针变量，使指针变量指向这个函数，然后通过函数指针变量调用该函数。

调用函数的格式如下。

> (*函数指针变量名)(参数列表);

例如，用函数指针变量的方法输出两个整数中较大的数。代码如程序段 10-9 所示。

程序段 10-9

```
#include <iostream>
using namespace std;
int max(int n1, int n2)
{
    int m;
    if (n1 > n2)
        m = n1;
    else
        m = n2;
    return m;
}
int main()
{
    int a, b, c;
    int(*p)(int a, int b);          //定义函数指针变量 p
    p = max;                        //函数指针变量 p 指向函数 max
    cout << "输入两个数:";
    cin >> a >> b;
    c = (*p)(a, b);                 //函数调用
    cout << "较大的数是:";
    cout << c << endl;
    return 0;
}
```

代码运行结果如图 10-13 所示。

图 10-13　两个整数中较大的数

定义函数指针变量 p 的语句 int(* p)(int a, int b);也可以写为 int(* p)(int, int);。

语句 p = max;表示将函数 max 在内存中的首地址赋值给函数指针变量 p,使指针变量 p 指向函数 max。函数名代表函数内存空间的首地址,因此语句中的函数名后面不需要加括号和参数。

调用函数由语句 c = (* p)(a, b);完成,和语句 c = max(a, b);的执行结果相同。

需要注意,函数指针变量的值只能是函数的首地址,不能将普通变量的地址赋值给函数指针变量。另外对函数指针变量进行加减运算也没有实际意义。

本 章 小 结

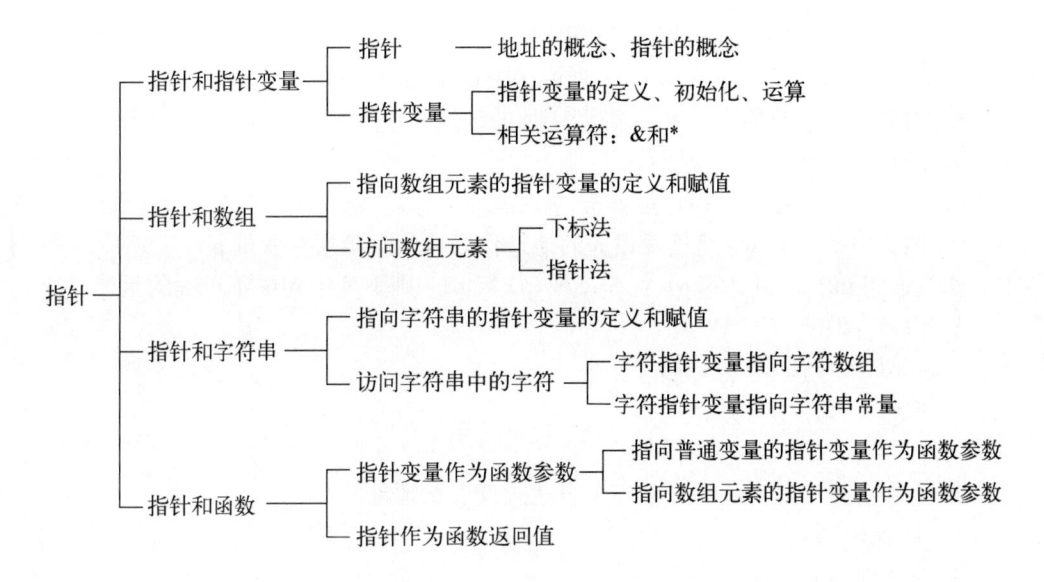

指针
├─ 指针和指针变量
│　├─ 指针 ──── 地址的概念、指针的概念
│　└─ 指针变量 ── 指针变量的定义、初始化、运算
│　　　　　　　└─ 相关运算符：& 和 *
├─ 指针和数组
│　├─ 指向数组元素的指针变量的定义和赋值
│　└─ 访问数组元素 ── 下标法
│　　　　　　　　　└─ 指针法
├─ 指针和字符串
│　├─ 指向字符串的指针变量的定义和赋值
│　└─ 访问字符串中的字符 ── 字符指针变量指向字符数组
│　　　　　　　　　　　　└─ 字符指针变量指向字符串常量
└─ 指针和函数
　　├─ 指针变量作为函数参数 ── 指向普通变量的指针变量作为函数参数
　　│　　　　　　　　　　　　└─ 指向数组元素的指针变量作为函数参数
　　└─ 指针作为函数返回值

习 题 十

一、单选题

1、下面程序的输出结果是_____。

```
#include <iostream>
using namespace std;
int main( )
{
    int m = 1, n = 2;
```

```
        int * p1 = &m, * p2 = &n, * t;
        t = p1;
        p1 = p2;
        p2 = t;
        cout << * p1 << ' ' << * p2 << ' ' << * t << endl;
        return 0;
    }
```

  A. 1 2 1

  B. 2 1 1

  C. 2 2 1

  D. 1 1 1

2、对于指向 int 类型数据的指针变量 p，下列说法中正确的是_____。

  A. * p 表示变量 p 的地址

  B. &p 是不合法的表达式

  C. 执行 p++ 后变量 p 的值增加 4

  D. * p+1 和 * (p+1)的执行结果相同

3、对于语句 float a, * p = &a; 下列说法中错误的是_____。

  A. 语句中的 p 只能存放 float 类型变量的地址

  B. 语句中的 * 是一个说明符

  C. 语句中的 * 是一个指针运算符

  D. 语句中的 * p=&a 是把变量 a 的地址作为初值赋给指针变量 p

4、若有语句 int a = 1, * p1 = &a, * p2 = p1; 则下列语句中不正确的是_____。

  A. p1 = p2;

  B. * p1 = * p2;

  C. a = * p2;

  D. p2 = a;

5、若有语句 int a, * p = &a; 三个表达式都表示地址的是_____。

  A. a, p, * &a

  B. * &p, * p, &a

  C. &a, & * p, p

  D. & * a, &a, * p

6、若有语句 int a[5], * p = a; 则数组 a 中第一个元素的地址可以表示为_____。

  A. * p

  B. &a

  C. &a[1]

  D. a

7、若有语句 int a[10], * p = a; 则能表示数组元素 a[3]的是_____。

  A. (* p)[3]

  B. * (p+3)

C. *p[3]
D. *p+3

8、下面程序的输出结果是_____。

```
#include <iostream>
using namespace std;
int main( )
{
    int a[5] = {1,2,3,4,5}, *p = &a[1], b;
    b = *(p + 3);
    cout << b;
    return 0;
}
```

A. 4
B. 5
C. 2
D. 3

9、若有语句 int a[5] = {5,7,1,8,3}, *p; 则下列语句中正确的是_____。

A. for (p = a;a < (p + 5);a++);
B. for (p = a;p < (a + 5);p++);
C. for (p = a,a = a + 5;p < a;p++);
D. for (p = a;a < p + 5;++a);

10、若有语句 char s[] = "computer"; char *p = s; 则下列说法中正确的是_____。

A. s 与 p 在程序中可以相互替换
B. 数组 s 的长度与指针变量 p 指向的字符串长度相等
C. 数组 s 中的内容与指针变量 p 中的内容相同
D. *p 与 s[0] 等价

11、下面程序的输出结果是_____。

```
#include <iostream>
using namespace std;
int main( )
{
    const char * p = "world";
    p = p + 2;
    cout << p;
    return 0;
}
```

A. rld
B. r

C. 字符 r 的地址

D. 无确定输出

12、若有语句

```
const char * p1 = "123", * p2 = "5678";
char c;
```

则下列语句中不正确的是_____。

A. p1 = c；

B. p2 = p1 + 1；

C. c = *p1 + *p2；

D. c = *p1 * 2；

13、在语句 int * func( )；中，func 表示_____。

A. 指向 int 类型数据的指针变量

B. 指向数组的指针变量

C. 指向函数的指针变量

D. 返回值为指针的函数名称

14、若有如下函数：

```
void func (int n, char * s)
{ //函数体 }
```

则下列对函数指针变量的定义和赋值均正确的是_____。

A. void *pf( )；*pf = func；

B. void *pf( )；pf = func；

C. void (*pf)(int, char *)；pf = func；

D. void (*pf)(int, char)；pf = &func；

15、对于定义语句 int(*f)(int)；下列说法中正确的是_____。

A. f 是函数名，该函数的返回值是 int 类型的地址

B. f 是 int 类型的指针变量

C. f 是指向 int 类型一维数组的指针变量

D. f 是指向函数的指针变量，该函数有一个 int 类型的参数

二、判断题

1、指针变量占用的内存空间大小与所指向的数据类型无关。

2、若有语句 int a, b, c, * d = &c；则可以通过输入语句 cin >> a >> b >> d；为变量 a, b, c 赋值。

3、指针变量 p 指向数组 a 后，可以使用 p++ 指向数组的不同元素，但是不能使用 a++。

4、指针变量作函数参数时，形参指向的变量值发生变化时，不会影响实参指向的变量值。

5、可以将普通变量的地址赋值给函数指针变量。

三、填空题

1、变量的指针是指变量在内存中的_____。
2、在 64 位系统中，指针变量占用_____个字节内存。
3、若有语句 int a[ ] = {1,6,9,23,4}，*p = a;，则 *(p+1)的值是_____。
4、若有语句 const char * s="computer";，则 cout << s + 2;的输出是_____。
5、下面程序的输出结果是_____。

```
#include <iostream>
using namespace std;
int main( )
{
    int a = 5, b = 2;
    int * p1 = &a, * p2 = &b;
    * p1 = a + b;
    * p2 = a + b;
    cout << * p1 << ' ' << * p2 << endl;
    return 0;
}
```

6、下面程序的输出结果是_____。

```
#include <iostream>
using namespace std;
int main( )
{
    int a[5] = {3,7,9,6,4}, *p;
    p = a;
    p++;
    cout << *p;
    return 0;
}
```

7、下面程序的输出结果是_____。

```
#include <iostream>
using namespace std;
int main( )
{
    char s[ ] = "computer";
    char * p = s, c;
    while ( * p != 't')
    {
        c = *p - 32;
        cout <<c;
```

```
            p++;
        }
    return 0;
}
```

8、下面程序的输出结果是_____。

```
#include <iostream>
using namespace std;
void func( int * p)
{
    p[0] = p[1];
}
int main( )
{
    int a[5] = { 8,6,9,2,4 }, i;
    for (i = 2;i >= 0;i--)
        func(&a[i]);
    cout << a[0];
    return 0;
}
```

实验十　指　　针

编写 C++程序，使用指针完成以下任务。

一、输入任意三个整数，输出其中最大的数。

二、输入数组的 5 个数，计算所有数的和并放入数组末尾，最后输出数组的所有数。

三、输入数组的 8 个数，交换第 m 个和第 n 个数，最后输出数组的所有数。

四、输入一个字符串和一个字符，如果字符串中包含该字符，则输出从该字符开始的所有字符。

五、输入两个字符串，如果字符串相等则输出 1，不相等则输出 0。

六、输入一个字符串，将其中的数字字符删除后输出字符串。

第十一章 结 构 体

学习目标：
1、理解结构体类型的概念；掌握结构体类型的定义。
2、掌握结构体变量的定义、初始化、使用。
3、掌握结构体数组的定义、初始化、使用。
4、掌握结构体指针变量的定义、使用。
5、理解结构体指针变量作为函数参数。
建议学时： 4 学时
教师导读：
1、结构体是一种构造数据类型，它能存储和处理不同类型的数据。本章要求考生掌握结构体的使用。
2、要求考生理解结构体类型、结构体变量、结构体数组、结构体指针变量的概念，能编写程序解决问题。
3、要求考生理解结构体指针变量作为函数参数的概念，能阅读相关程序。

结构体是一种构造数据类型。本章介绍结构体类型；结构体变量；结构体数组；结构体指针变量。

第一节 结构体类型

在前面章节中，程序中需要对一组数据进行处理时，使用的都是数组。但是，C++数组中的所有数据必须是相同的类型，而有些时候要处理的一组数据具有不同的类型，例如，学生的个人信息，一般包括学号、姓名、性别、年龄、考试成绩等，数据类型有多种：学号为整型，姓名为字符串，性别为字符，年龄为整型，成绩为浮点型。因此 C++提供了一种构造数据类型——结构体类型，用来处理类型不同的一组相关数据。

结构体类型的定义格式如下。

```
struct  结构体名
{
    数据类型1  成员名1;
    数据类型2  成员名2;
    ……
    数据类型n  成员名n;
};
```

说明：

（1）结构体类型中包含的数据称为结构体的成员。
（2）结构体名和成员名的命名规则与变量名相同。
（3）成员的数据类型可以是 int、float、char 等基本数据类型，也可以是数组、指针。
（4）结构体类型的定义以大括号后面的分号作为结束。

例如，

```
struct student
{
    int num;
    char name[20];
    char sex;
    int age;
    float score;
};
```

定义了一个结构体类型 student，它包含 num、name、sex、age、score 五个成员，数据类型有整型、浮点型、字符型和数组。

（5）成员的数据类型可以是另外已定义的结构体类型。

例如，

```
struct date
{
    int year;
    int month;
    int day;
};
struct student
{
    int num;
    char name[20];
    char sex;
    date birthday;
    float score;
};
```

成员 birthday 的数据类型是前面定义的结构体类型 date。需要注意：结构体类型不允许递归定义。

第二节 结构体变量

一、结构体变量的定义

结构体是一种数据类型，前面的定义只是说明了该类型的组成，系统不为它分配存储空间，与系统不会为 int、char 等类型本身分配空间一样。只有定义了结构体类型的变量后，系统才会给变量分配内存空间。

定义结构体变量通常有三种方法。

1、先定义结构体类型，再定义结构体变量

例如，

```
struct student
{
    int num;
    char name[20];
    char sex;
    int age;
    float score;
};
student stu;              //也可以写为 struct student stu;
```

先定义了结构体类型 student，然后用单独的语句定义了一个 student 类型的结构体变量 stu。

理论上，结构体变量占用的内存空间是所有成员占用内存的总和，变量 stu 应该占用 4+20+1+4+4=33 个字节。实际上，在 C++中，系统为结构体变量分配内存空间时会遵循字节对齐规则，使得变量真正占用的内存字节数比理论值要多，因此 stu 实际占用 36 个字节内存空间。

另外，在 C++中，定义结构体变量时，关键字 struct 可以省略。

2、定义结构体类型的同时定义结构体变量

例如，

```
struct student
{
    int num;
    char name[20];
    char sex;
    int age;
    float score;
}stu1, stu2;
```

定义了结构体类型 student 与两个 student 类型的结构体变量 stu1 和 stu2。

3、直接定义结构体变量，省略结构体类型名

例如，

```
struct
{
    int num;
    char name[20];
```

```
        char sex;
        int age;
        float score;
}stu;
```

定义了一个结构体变量 stu。

因为没有结构体类型名，所以后面就不能直接用该结构体类型来定义新的变量。这种方法通常用于后面不需要再定义此类型结构体变量的情况。

二、结构体变量的初始化

结构体变量可以在定义时进行初始化。将结构体变量各成员的初始值按顺序放在一对大括号中，中间用逗号分隔。

例如，

```
struct student
{
    int num;
    char name[20];
    char sex;
    int age;
    float score;
};
student stu = { 23010109,"Xiao Ming",'M',18,86.5 };
```

或者，

```
struct student
{
    int num;
    char name[20];
    char sex;
    int age;
    float score;
}stu = { 23010109,"Xiao Ming",'M',18,86.5 };
```

系统按照结构体中成员的顺序，将初始值依次赋给每个成员。结构体变量 stu 中成员 num 的初值时 23010109，成员 name 的初值是"Xiao Ming"，成员 sex 的初值是'M'，成员 age 的初值是 18，成员 score 的初值是 86.5。

三、结构体变量的使用

定义结构体变量后，就可以使用变量进行相应的操作。使用结构体变量分为使用结构体变量的成员和使用结构体变量整体，大多数程序中对结构体变量的使用都是前者。

1、结构体变量成员的使用

结构体变量成员的表示形式如下。

> 结构体变量名.成员名

其中"."是C++的成员运算符。例如 stu.num 表示结构体变量 stu 的成员 num。

结构体变量的成员可以和普通变量一样进行其数据类型允许的各种操作。

例 11-1：使用结构体变量输入学生信息，根据成绩输出相应的提示。代码如程序段 11-1 所示。

程序段 11-1

```cpp
#include <iostream>
using namespace std;
int main()
{
    struct student
    {
        int num;
        char name[20];
        char sex;
        int age;
        float score;
    };
    student stu;
    cout << "输入学号:";        cin >> stu.num;
    cin.get();         //接收上一行的学号后面输入的换行符
    cout << "输入姓名:";        cin.get(stu.name, 20);
    cout << "输入性别:";        cin >> stu.sex;
    cout << "输入年龄:";        cin >> stu.age;
    cout << "输入成绩:";        cin >> stu.score;
    if (stu.score >= 60)
        cout << stu.num << ' ' << stu.name << "通过考试" << endl;
    else
        cout << stu.num << ' ' << stu.name << "未通过考试" << endl;
    return 0;
}
```

代码运行结果如图 11-1 所示。

对于成员是其他结构体类型的结构体变量，要连续使用成员运算符来对最低级的成员进行操作。

例如，

```
                    ┌─ Microsoft Visual Studio 调试控制台 ─┐
                    │ 输入学号：230101                    │
                    │ 输入姓名：Wang Yilin                 │
                    │ 输入性别：F                         │
                    │ 输入年龄：19                        │
                    │ 输入成绩：82.5                      │
                    │ 230101 Wang Yilin通过考试           │
                    └─────────────────────────────────────┘
```

图 11-1　根据成绩输出提示

```
        struct date
        {
            int year;
            int month;
            int day;
        };
        struct student
        {
            int num;
            char name[20];
            char sex;
            date birthday;
            float score;
        }s;
        s.birthday.year = 2023;
```

结构体变量 s 的成员 birthday 是 date 结构体类型，要对 birthday 中的成员 year 进行操作，需要使用两次成员运算符。

2、结构体变量整体的使用

相同类型的结构体变量之间可以进行整体赋值。

例如，

```
        struct student
        {
            int num;
            char name[20];
            char sex;
            int age;
            float score;
        };
        student stu1 = {23010109,"Xiao Ming",'M',18,86.5}, stu2;
        stu2 = stu1;
```

结构体变量 stu1 和 stu2 都是 student 结构体类型，赋值后，stu1 中每个成员的值分别赋给 stu2 中对应的同名成员。

需要注意，不同类型的结构体变量间不能进行赋值。

第三节　结构体数组

结构体变量 stu 中存放的是一个学生的数据，如果要存放班级所有学生的数据，则要使用结构体数组。结构体数组中的每个元素都是结构体变量，都有各自的成员，而且所有元素都具有相同的数据类型。

一、结构体数组的定义

定义结构体数组和定义结构体变量的方法一样。

1、先定义结构体类型，再定义结构体数组

例如，

```
struct student
{
    int num;
    char name[20];
    char sex;
    int age;
    float score;
};
student stu[5];        //也可以写为 struct student stu[5];
```

先定义了结构体类型 student，然后定义了 student 类型的结构体数组 stu，数组有 5 个元素，每个元素都是 student 类型的结构体变量。所有元素连续存放在内存中，结构体数组名 stu 表示数组内存空间的首地址。

2、定义结构体类型的同时定义结构体数组

例如，

```
struct student
{
    int num;
    char name[20];
    char sex;
    int age;
    float score;
}stu[5];
```

定义了结构体类型 student 与 student 类型的结构体数组 stu。

3、直接定义结构体数组，省略结构体类型名

例如，

```
struct
```

```
    {
        int num;
        char name[20];
        char sex;
        int age;
        float score;
    }stu[5];
```

定义了一个结构体数组 stu，结构体类型没有名称。

二、结构体数组的初始化

结构体数组可以在定义时进行初始化。数组每个元素的初始值都放在一对大括号中，大括号内按成员的顺序排列初始值。

例如，

```
struct student
{
    int num;
    char name[20];
    char sex;
    int age;
    float score;
};
student stu[3] = { {23010101,"Fan Hui",'F',18,74}, {23010103,"Li Weiyan",'F',19,95},
{23010109,"Xiao Ming",'M',18,86.5} };
```

如果给出了数组中全部元素的初值，则可以省略数组的长度。

例如，

```
student stu[] = { {23010101,"Fan Hui",'F',18,74}, {23010103,"Li Weiyan",'F',19,95},
{23010109,"Xiao Ming",'M',18,86.5} };
```

由于结构体数组初始化时数据比较多，要注意大括号的使用以及初始值的排列顺序。

三、结构体数组的使用

每个结构体数组的元素都相当于一个结构体变量，因此结构体变量的使用规则也适用于结构体数组元素。

1、结构体数组元素成员的使用

使用结构体数组元素的成员也通过成员运算符"."，例如 stu[0].num 表示数组第一个元素 stu[0]的成员 num。

例 11-2：输入三个学生的个人信息，包含姓名、学号和成绩，输出成绩最高的学生的信息。代码如程序段 11-2 所示。

程序段 11-2

```cpp
#include <iostream>
using namespace std;
int main( )
{
    struct student
    {
        char name[20];
        int num;
        float score;
    }stu[3];
    int i, m = 0;
    for (i = 0;i < 3;i++)
    {
        cout << "输入学生" << i + 1 << "的信息:" << endl;
        cout << "姓名:";        cin.get(stu[i].name, 20);
        cout << "学号:";        cin >> stu[i].num;
        cout << "成绩:";        cin >> stu[i].score;
        cin.get();
    }
    for (i = 0;i < 3;i++)        //成绩最高的数组元素下标保存在变量 m 中
    {
        if (stu[i].score > stu[m].score)
            m = i;
    }
    cout << "成绩最高的是:" << endl;
    cout << "学号为" << stu[m].num << "的" << stu[m].name << endl;
    return 0;
}
```

代码运行结果如图 11-2 所示。

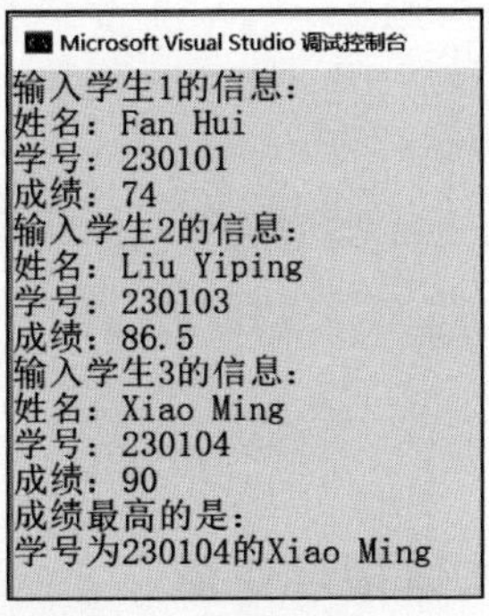

图 11-2　成绩最高的学生

2、结构体数组元素整体的使用

相同类型的结构体数组元素之间可以进行整体赋值。

例如,

```
struct student
{
    char name[20];
    int num;
    float score;
}stu1[3] = { { "Li Huifen",23010102,82.5 },{ "Xiao Ming",23010103,71 },{ "Zhang Guo",23010105,90 } };
student stu2[5], stu3;
stu3 = stu1[0];
stu2[3] = stu1[1];
```

第四节　结构体指针变量

指针变量可以指向普通变量、数组、函数,也可以指向结构体变量。结构体变量所占用内存的首地址称为结构体指针,指向结构体指针的变量就是结构体指针变量。

一、结构体指针变量的定义

结构体指针变量的定义格式如下。

```
构体类型名 * 结构体指针变量名;
```

例如,

```
struct student
{
    char name[20];
    int num;
    float score;
};
student * p;
```

结构体指针变量 p 可以指向 student 类型的结构体变量。

变量的定义也可以写为:

```
struct student * p;
```

二、指向结构体变量的结构体指针变量

将结构体变量所占内存的首地址赋值给结构体指针变量后,指针变量就指向了该结构体

变量，然后可以通过指针变量访问结构体变量的成员。

例如，

```
struct student
{
    char name[20];
    int num;
    float score;
}stu;
student * p;
p = &stu;
(*p).score = 81.5;       //为结构体变量 stu 的成员 score 赋值
```

赋值语言 p = &stu;将结构体变量 stu 的首地址赋给指针变量 p，使 p 指向结构体变量 stu。需要注意，结构体变量的地址表示和普通变量类似，要使用取地址运算符 &，不能直接使用结构体变量名来表示地址，因此 p = stu; 是错误的语句。

*p 表示 p 指向的结构体变量 stu,（*p).score 就等价于 stu.score。因为成员运算符"."的优先级高于指针运算符"*"，所以（*p).score 中的括号不能省略。

访问结构体变量的成员还可以使用指向运算符"->"，它由"-"和">"两个符号组成，优先级和成员运算符相同。例如，p->score 表示指针变量 p 所指向的结构体变量的成员 score。

因此，访问结构体变量的成员时，以下三种形式是等价的。
- 结构体变量.成员名。
- (*结构体指针变量).成员名。
- 结构体指针变量->成员名。

实际编写程序时第三种形式使用较多。

例 11-3：用三种形式访问结构体变量的成员。代码如程序段 11-3 所示。

程序段 11-3

```
#include <iostream>
#include <string.h>
using namespace std;
int main()
{
    struct student
    {
        char name[20];
        int num;
        float score;
    }stu;
    student * p;
    p = &stu;
```

```
        strcpy_s(stu.name,"Wang Yue");           //为结构体变量 stu 的成员赋值
        (*p).num = 23010111;
        p->score = 81.5;
        cout << stu.name << "同学的学号是" << stu.num << ",成绩是" << stu.score << endl;
        cout << (*p).name << "同学的学号是" << (*p).num << ",成绩是" << (*p).score << endl;
        cout << p->name << "同学的学号是" << p->num << ",成绩是" << p->score << endl;
        return 0;
}
```

代码运行结果如图 11-3 所示。

```
Microsoft Visual Studio 调试控制台
Wang Yue同学的学号是23010111,成绩是81.5
Wang Yue同学的学号是23010111,成绩是81.5
Wang Yue同学的学号是23010111,成绩是81.5
```

图 11-3 不同形式访问结构体变量的成员

三、指向结构体数组的结构体指针变量

指针变量不仅可以指向数值数组、字符数组，也可以指向结构体数组。将结构体数组的首地址赋给结构体指针变量，使指针变量指向该结构体数组，然后就可以用指针变量访问数组元素。

例如，

```
        struct student
        {
            char name[20];
            int num;
            float score;
        }stu[3];
        student * p;
        p = stu;
```

结构体数组名 stu 代表数组的首地址，因此语句 p = stu；表示将指针变量 p 指向结构体数组的第一个元素，即指向 stu[0]，该语句也可以写为 p = &stu[0]；。

例 11-4：使用指向结构体数组的指针变量输入三个学生的个人信息，包含姓名、学号和成绩，输出最高分。代码如程序段 11-4 所示。

程序段 11-4

```
#include <iostream>
using namespace std;
int main()
{
    struct student
    {
```

```
        char name[20];
        int num;
        float score;
}stu[3];
student * p = stu;
float max;
max = p->score;
for ( ;p < stu + 3;p++)
{
    cout << "输入三个学生的信息:" << endl;
    cout << "姓名:";        cin.get(p->name, 20);
    cout << "学号:";        cin >> p->num;
    cout << "成绩:";        cin >> p->score;
    cin.get();
}
for (p = stu;p < stu + 3;p++)
{
    if (p->score > max)
        max = p->score;
}
cout << "---------------------" << endl;
cout << "最高分是:" << max << endl;
return 0;
}
```

代码运行结果如图 11-4 所示。

```
输入三个学生的信息:
姓名: An Pingping
学号: 230102
成绩: 91
输入三个学生的信息:
姓名: Guan Wen
学号: 230107
成绩: 72
输入三个学生的信息:
姓名: Meng Luxiu
学号: 230110
成绩: 88.5
---------------------
最高分是: 91
```

图 11-4　使用指针变量访问结构体数组元素的成员

结构体指针变量 p 指向结构体数组 stu 的第一个元素 stu[0]后，可以通过指针变量 p 的改变来访问数组的不同元素，p 依次指向不同的数组元素。执行第一次 for 语句中的 p++后，指针变量 p 指向数组元素 stu[1]，执行第二次 p++后 p 指向 stu[2]。

四、结构体指针变量作为函数参数

在 C++中，结构体变量可以作为函数参数，函数调用时由实参向形参传递结构体变量所有成员的值。如果结构体成员较多，尤其是成员为数组时，传递的时间和空间开销会很大，影响程序的运行效率，所以程序中一般使用结构体指针变量作为函数参数，函数调用时由实参向形参只传递一个指向结构体变量的指针，从而提高运行效率。

例 11-5：输入三个学生的个人信息，包含姓名、学号和成绩，使用结构体指针变量作参数的函数将成绩转换为相应的等级。代码如程序段 11-5 所示。

程序段 11-5

```
#include <iostream>
using namespace std;
struct student
{
    char name[20];
    int num;
    float score;
    char grade;
};
void func(student * sp)
{
    student * t;
    t = sp;
    for ( ;sp < t + 3;sp++)
    {
        if (sp->score >= 80 && sp->score <= 100)
            sp->grade = 'A';
        else if (sp->score >= 60 && sp->score < 80)
            sp->grade = 'B';
        else if (sp->score >= 0 && sp->score < 60)
            sp->grade = 'C';
    }
}
int main()
{
    student stu[3], * p;
    for (p = stu;p < stu + 3;p++)
    {
        cout << "输入三个学生的信息:" << endl;
        cout << "姓名:";      cin.get(p->name, 20);
        cout << "学号:";      cin >> p->num;
        cout << "成绩:";      cin >> p->score;
        cin.get();
    }
    p = stu;
```

```
        func(p);
        cout << "-------------------------" << endl;
        for (p = stu;p < stu + 3;p++)
            cout << "学号" << p->num << "的同学" << p->name << ",成绩等级为" << p->grade << endl;
        return 0;
    }
```

代码运行结果如图 11-5 所示。

```
Microsoft Visual Studio 调试控制台
输入三个学生的信息：
姓名：Fan Yiting
学号：230101
成绩：83.5
输入三个学生的信息：
姓名：Guan Hong
学号：230102
成绩：91
输入三个学生的信息：
姓名：Tian Mei
学号：230105
成绩：77
-------------------------
学号230101的同学Fan Yiting，成绩等级为A
学号230102的同学Guan Hong，成绩等级为A
学号230105的同学Tian Mei，成绩等级为B
```

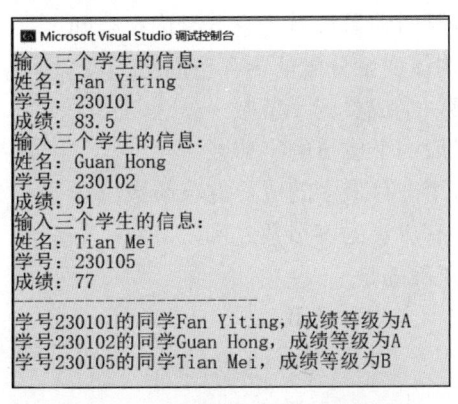

图 11-5　分数转换为相应的等级输出

赋值语句 p = stu;使结构体指针变量 p 指向结构体数组 stu 的第一个元素 stu[0]。调用函数 func()时，实参 p 将该地址传递给形参 sp，因此形参结构体指针变量 sp 也指向结构体数组 stu 的第一个元素。在函数 func()中，通过移动指针变量 sp 来访问结构体数组 stu 的不同元素，为元素的成员赋值。

本 章 小 结

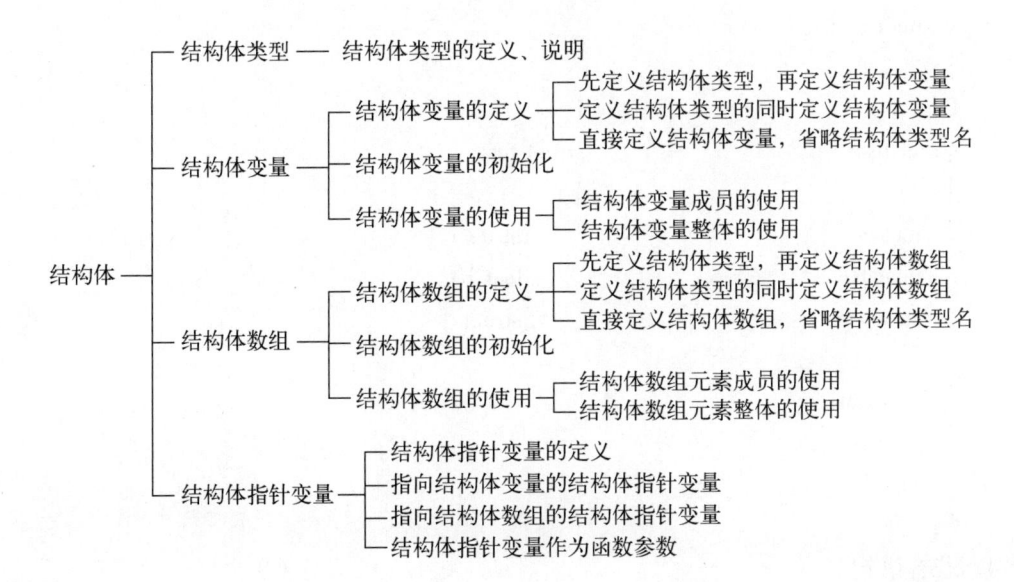

```
                    ┌─ 结构体类型 ── 结构体类型的定义、说明
                    │                      ┌─ 先定义结构体类型,再定义结构体变量
                    │          ┌─ 结构体变量的定义 ─┼─ 定义结构体类型的同时定义结构体变量
                    │          │                   └─ 直接定义结构体变量,省略结构体类型名
                    ├─ 结构体变量 ─┼─ 结构体变量的初始化
                    │          │                   ┌─ 结构体变量成员的使用
                    │          └─ 结构体变量的使用 ─┴─ 结构体变量整体的使用
                    │                      ┌─ 先定义结构体类型,再定义结构体数组
结构体 ─┤          ┌─ 结构体数组的定义 ─┼─ 定义结构体类型的同时定义结构体数组
                    │          │                   └─ 直接定义结构体数组,省略结构体类型名
                    ├─ 结构体数组 ─┼─ 结构体数组的初始化
                    │          │                   ┌─ 结构体数组元素成员的使用
                    │          └─ 结构体数组的使用 ─┴─ 结构体数组元素整体的使用
                    │                      ┌─ 结构体指针变量的定义
                    │                      ├─ 指向结构体变量的结构体指针变量
                    └─ 结构体指针变量 ──┼─ 指向结构体数组的结构体指针变量
                                           └─ 结构体指针变量作为函数参数
```

习题十一

一、单选题

1、下列说法中正确的是_____。
   A. 结构体类型中所有成员的数据类型必须一致
   B. 结构体类型中成员的数据类型只能是 C++的基本数据类型
   C. 结构体类型可以由多个成员组成
   D. 在定义结构体类型时，系统就为它分配内存空间

2、理论上，系统为结构体变量分配的内存空间是_____。
   A. 结构体变量中第一个成员的字节数
   B. 结构体变量中最后一个成员的字节数
   C. 结构体变量中占用内存最多的成员的字节数
   D. 结构体变量中所有成员的字节数之和

3、下列定义语句中不正确的是_____。

A.
```
struct ms
{
   int m1;
   char m2;
};
struct test
{
   int a;
   float b;
   ms c;
};
```

B.
```
struct test
{
   int a;
   float b;
   struct test c;
};
```

C.
```
struct test
{
   int a;
   float b;
   struct ms
   {
      int m1;
      char m2;
   }c;
};
```

D.
```
struct test
{
   int a;
   float b;
   struct
   {
      int m1;
      char m2;
   }c;
};
```

4、若有语句

```
        struct student
        {
            char a;
            int b;
        }stu;
```

则下列说法中不正确的是_____。

    A. struct 是定义结构体类型的关键字

    B. a 和 b 都是结构体成员名

    C. student 是定义的结构体类型名

    D. stu 是定义的结构体类型名

5、若有语句

```
        struct
        {
            char a[10];
            int b;
            float c;
        }s1, s2 = { "computer",9,72.5 };
```

则下列语句中错误的是_____。

    A. s1 = s2;

    B. s1. a = s2. a;

    C. s1. b = s2. b;

    D. s1. c = s2. c;

6、若有语句

```
        struct date
        {
            int year;
            int month;
            int day;
        };
        struct student
        {
            int num;
            char name[20];
            date birthday;
        }s;
```

则下列语句正确的是_____。

    A. year = 2005;

    B. birthday. year = 2005;

C. s. birthday. year = 2005;
D. s. year = 2005;

7、若有语句

```
struct student
{
    char a;
    int b;
}stu,*p=&stu;
```

则以下访问结构体变量成员 a 的形式中不正确的是_____。

A. (*p).a
B. *p.a
C. p->a
D. stu.a

二、判断题

1、结构体是一种数据类型，系统不为它分配存储空间。
2、结构体类型可以递归定义。
3、结构体变量名表示结构体变量中所有成员的内存首地址。
4、结构体变量的成员名可以与程序中的一般变量名相同。
5、相同类型的结构体变量之间可以整体赋值。
6、结构体数组的元素可以作为一个整体进行输入。
7、结构体指针变量可以直接指向结构体变量中的成员。

三、填空题

1、若有语句：

```
struct
{
    int b;
    float c;
}s[3];
```

则结构体数组 s 占用的内存是_____字节。

2、下面程序的输出结果是_____。

```
#include <iostream>
using namespace std;
int main()
{
    struct student
    {
        char name[20];
        int num;
```

```
        float score[2];
    };
    student s1 = {"Bao Ling",230101,83,91.3};
    student s2 = {"Wang Yili",230105,72.5,80};
    s2 = s1;
    cout << s2.name << ' ' << s2.num << ' ' << s2.score[0] << ' ' << s2.score[1] << endl;
    return 0;
}
```

3、下面程序的输出结果是_____。

```
#include <iostream>
using namespace std;
int main()
{
    struct student
    {
        char name[20];
        int num;
    }s[4] = {{"Li Ning",230101},{"MaoYikun",230102},{"Qian Wei",230103},{"Zhao Xiaobu",230104}};
    student * p;
    p = s + 2;
    cout << p->num << ' ' << s[0].name << endl;
    return 0;
}
```

4、下面程序的输出结果是_____。

```
#include <iostream>
using namespace std;
struct student
{
    int num;
    float score;
};
void func(student * fp)
{
    fp->num = 230101;
    fp->score = 87.5;
}
int main()
{
```

```
        student stu = { 230105,72 };
        func( &stu );
        cout << stu.num << ' ' << stu.score << endl;
        return 0;
}
```

5、下面程序的输出结果是_____。

```
#include <iostream>
using namespace std;
struct student
{
    int num;
    float score;
};
void func( student x )
{
    x.num = 230107;
    x.score = 68;
}
int main( )
{
    student s = { 230106,95.5 };
    func( s );
    cout << s.num << endl;
    return 0;
}
```

实验十一 结 构 体

编写 C++程序，使用结构体完成以下任务。

一、定义一个包含年、月、日的结构体，输入任意日期，计算是这一年的第几天。

二、输入 5 个学生的数据，每个学生包括学号、姓名、性别，分别统计男生和女生的人数。

三、输入 5 个学生的数据，每个学生包括学号、姓名、班级、成绩，输出每个班的平均成绩。

四、输入 5 个学生的数据，每个学生包括学号、姓名、成绩，按成绩升序输出所有学生的信息。

五、输入 5 个学生的数据，每个学生包括学号、姓名、三门课成绩，输出总成绩最高的学生的信息。

第十二章 链 表

学习目标：
1、理解链表组成元素的概念。
2、理解链表节点的定义，以及链表运算符的使用。
3、扩展阅读：建立链表，在链表中插入新节点，删除链表节点。此部分不作为考试内容。

建议学时： 4 学时

教师导读：
链表是一种动态数据结构，能提高内存的利用率。本章要求考生建立链表的概念。

链表是一种动态数据结构。本章介绍链表的概念；建立链表和遍历链表；插入节点到链表中；删除链表中的节点。

第一节 链表概述

数组是处理一组数据时常用的数据结构，系统根据定义的数组元素个数和类型，为其分配一段连续的内存空间，数组的所有元素在内存中顺序存放，使用下标可以快速地随机访问数组元素。但是要在数组中插入或删除元素时，会涉及大量其他元素的移动，从而降低执行效率。

与分配固定内存空间的静态结构数组不同，C++的链表是一种动态数据结构，可以在程序中动态分配内存，而且不需要连续的内存空间，内存利用率高。由于不需要像数组一样移动其他的元素，在链表中插入或删除元素更方便快速。

一、链表的概念

链表中的元素称为节点，每个节点包含两部分内容：数据域和指针域。数据域存放节点要存储的数据，指针域存放指向下一个节点的指针，通过这些指针就可以将各个节点连接成为一个链表。

链表有一个头指针变量，它的值是链表第一个节点的地址，用来指向链表的第一个节点。链表的最后一个节点称为尾节点，指针域中的值为 nullptr，即空地址，表示不再指向其他节点，链表到此结束。一个简单的链表结构如图 12-1 所示。

图 12-1 链表结构

节点数据域中的数据可以是整型、浮点型、字符型、数组等类型，指针域中的数据则是指针类型，因此一个节点中的数据可能属于不同的数据类型，要用结构体类型来表示。

链表的节点可以定义为以下的结构体类型。

```
struct node
{
    数据类型1  成员名1;              //数据域
    数据类型2  成员名2;
    ……
    node *  next;                   //指针域
};
```

node 是结构体类型名称，用来表示节点，成员 next 是结构体指针变量，指向 node 类型的结构体变量，也就是指向下一个节点。

例如，

```
struct node
{
    int num;
    char name[20];
    float score;
    node * next;
};
```

结构体类型 node 中的成员 num、name、score 属于数据域，next 属于指针域。

二、链表常用运算符

链表的内存空间是动态分配的。需要使用新节点时，程序向系统申请分配相应的内存空间，而分配的内存空间不再使用时，要将其释放，否则会造成内存泄漏。

在 C++ 中，可以使用 new 运算符为链表节点分配内存空间，使用 delete 运算符释放分配的内存空间。

1、new 运算符

new 运算符的格式如下。

```
new 数据类型
```

根据 new 后面数据类型的字节数来申请分配内存空间，然后返回该类型的指针。

例如，

```
int * p = new int;
```

申请分配存放整型数据的内存空间，分配成功后返回该内存空间的地址，即指针，并将指针赋值给变量 p。

2、delete 运算符

delete 运算符的格式如下。

```
delete 指针变量
```

释放使用 new 运算符分配的内存空间。
例如,

```
delete p;
```

释放指针变量 p 所指向的内存空间,p 的值是前面使用 new 运算符分配的内存空间地址。

delete 运算符一般与 new 运算符配对使用。

第二节　建立链表（扩展阅读）

一、建立链表

建立链表就是依次增加链表节点的过程,逐个为节点申请内存,存放节点数据,然后建立节点之间的链接关系。

例 12-1：建立包含三个学生信息的链表。代码如程序段 12-1 所示。

程序段 12-1

```cpp
#include <iostream>
using namespace std;
int main( )
{
    struct node
    {
        int num;
        char name[20];
        node * next;
    };
    node * head, * tail, * p;
    int i;
    head = nullptr;                //链表头指针变量 head
    tail = nullptr;                //链表尾指针变量 tail
    for (i = 0;i < 3;i++)
    {
        p = new node;              //建立新节点,p 指向新节点
        cout << "输入学生信息:" << endl;
        cout << "学号:";      cin >> p->num;
        cin.get( );
        cout << "姓名:";      cin.get( p->name, 20 );
```

```cpp
            p->next = nullptr;
            if (head == nullptr)        //若链表为空,将头指针指向新节点
                head = p;
            else                        //若链表不为空,将新节点链接到链表尾部
                tail->next = p;
            tail = p;                   //将尾指针指向新节点
        }
        p = head;
        cout << "三个学生信息:" << endl;
        while (p != nullptr)            //输出链表的数据
        {
            cout << p->num << ',' << p->name << endl;
            p = p->next;
        }
        return 0;
    }
```

代码运行结果如图 12-2 所示。

程序中定义的 head、tail、p 都是指向 node 类型数据的结构体指针变量,head 是头指针变量,指向链表第一个节点,tail 指向链表的尾节点,p 指向分配了内存的新节点。head 的初值为 nullptr 表示此时为空链表,即链表中没有节点,head 不指向任何节点。建立链表从空链表开始。

建立第一个节点时,首先用 new 为节点申请内存空间,将分配到的内存空间地址赋值给结构体指针变量 p,使 p 指向新节点。接着将输入的数据存放到新节点的相应成员中,再用 p->next = nullptr;语句把新节点的 next 成员赋值为 nullptr。然后判断链表是否为空,即新节点是否为第一个节点,如果是第一个节点,执行 head = p;和 tail = p;语句,将 head 和 tail 都指向新节点,如图 12-3 所示。

图 12-2 建立链表

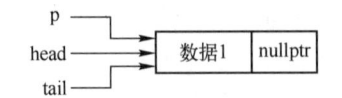

图 12-3 建立链表的第一个节点

建立第二个节点时,同样先为节点申请内存空间,将 p 指向新节点。接着输入数据到新节点的相应成员中,把新节点的 next 成员赋值为 nullptr。然后判断链表是否为空,此时链表已经有节点不为空,所以执行 tail->next = p;和 tail = p;语句,tail 的 next 成员即为第一个节点的 next 成员,tail->next = p;使第一个节点的 next 成员指向新节点,tail = p;使 tail 也

指向新节点。如图 12-4 所示。

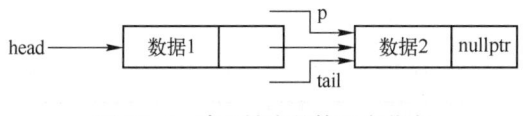

图 12-4　建立链表的第二个节点

建立第三个节点的步骤与建立第二个节点的步骤相同，依然是 p 指向新节点，前一个节点的 next 成员指向新节点，tail 也指向新节点。至此，包含三个节点的链表建立过程结束，如图 12-5 所示。

图 12-5　包含三个节点的链表

二、遍历链表

链表的节点在内存中一般是不连续的，因此不能像数组一样进行随机访问，只能从第一个节点开始依次访问各节点。

例如，程序段 12-1 中的语句。

```
p = head;
while ( p != nullptr )
{
    cout << p->num << ',' << p->name << endl;
    p = p->next;
}
```

将头指针变量 head 的值赋给 p，指针变量 p 指向链表的第一个节点。然后对当前节点中的数据进行操作，如输出数据，接着执行 p = p->next;语句，将指针变量 p 指向下一个节点，p->next 就是下一个节点的地址。以此类推，指针变量 p 可以从头到尾依次指向链表的每个节点，直到链表尾的 next 为 nullptr 时结束。

第三节　插入节点（扩展阅读）

在链表中插入新的节点时，首先要确定节点插入到链表的位置，然后根据不同的位置进行相应的操作。

插入节点的位置一般有以下几种情况。
（1）新节点插入到链表第一个节点前面，成为链表的第一个节点。
（2）新节点插入到链表中间某个节点后面。
（3）新节点插入到链表末尾，成为链表的尾节点。

例 12-2：按成绩升序输入三个学生的学号和成绩，建立链表，然后输入要插入链表中的数据，链表中的成绩保持升序排列，最后输出所有学生的信息。代码如程序段 12-2 所示。

程序段 12-2

```cpp
#include <iostream>
using namespace std;
struct node
{
    int num;
    float score;
    node * next;
};
node * createlist( )                              //建立链表的函数
{
    node * head, * tail, * p;
    int i;
    head = nullptr;
    tail = nullptr;
    cout << "输入三个学生的信息:" << endl;
    for (i = 0;i < 3;i++)
    {
        p = new node;
        cout << "学号:";       cin >> p->num;
        cout << "成绩:";       cin >> p->score;
        p->next = nullptr;
        if (head == nullptr)
            head = p;
        else
            tail->next = p;
        tail = p;
    }
    return head;
}
node * insert(node * head, int inum, float iscore)   //插入节点的函数
{
    node * p, * pre, *inode;
    inode = new node;
    inode->num = inum;
    inode->score = iscore;
    p = head;
    pre = head;
    while (p !=nullptr && p->score < iscore)         //查找插入位置
```

```cpp
        {
            pre = p;
            p = p->next;
        }
        if (head == p)                              //插入到第一个节点前面
        {
            inode->next = head;
            head = inode;
        }
        else if (p!=nullptr && p->score > iscore)   //插入到链表中间
        {
            pre->next = inode;
            inode->next = p;
        }
        else if (p ==nullptr)                       //插入到链表末尾
        {
            pre->next = inode;
            inode->next = nullptr;
        }
        return head;
}
int main()
{
    node * head, * ph;
    int inum;
    float iscore;
    head = createlist();
    cout << "输入要添加学生的学号和成绩:";
    cin >> inum >> iscore;
    ph = insert(head,inum, iscore);
    cout << "所有学生的学号和成绩:" << endl;
    while (ph !=nullptr)                            //遍历链表,输出所有数据
    {
        cout << ph->num << ',' << ph->score << endl;
        ph = ph->next;
    }
    return 0;
}
```

代码运行结果如图 12-6 所示。

函数 createlist 用于建立链表,没有参数,返回值为链表的头指针,是指向结构体类型 node 数据的指针变量。

函数 insert 用于在链表中插入一个节点,参数为链表的头指针和要插入节点的数据,返

回值为链表的头指针。p、pre、inode 都是结构体指针变量，p 指向插入位置的节点，pre 指向 p 的前一个节点，inode 指向要插入链表的节点。

```
Microsoft Visual Studio 调试控制台
输入三个学生的信息：
学号：230101
成绩：72.5
学号：230105
成绩：88
学号：230102
成绩：93
输入要添加学生的学号和成绩：230104 60.5
所有学生的学号和成绩：
230104, 60.5
230101, 72.5
230105, 88
230102, 93
```

图 12-6　在链表中插入节点

在 insert 函数中，下列语句用于查找节点在链表中插入的位置。

```
p = head;
pre = head;
while ( p != nullptr && p->score < iscore)
{
    pre = p;
    p = p->next;
}
```

通过赋值，指针变量 p 和 pre 首先都指向链表第一个节点，然后进行判断，如果 p 指向的不是 nullptr，而且 p 指向节点的 score 成员值（即成绩）小于要插入节点的成绩 iscore，那么就将 pre 指向 p 当前所指向的节点，p 则指向链表的下一个节点。通过 while 循环，使 p 和 pre 不断后移，直到找到插入位置，此时 p 指向链表的一个节点，pre 指向 p 的前一个节点，新节点将插入到 pre 和 p 所指节点的中间。

1、在链表头插入新节点

如果要插入的新节点的成绩值比链表第一个节点的成绩小，那么上面的 while 语句就不会执行，p 还是指向第一个节点，即 p 与 head 相等，要执行的是下面的语句。

```
if ( head == p)
{
    inode->next = head;
    head = inode;
}
```

新节点要插入到链表第一个节点之前，因此将 head 的值赋给指向新节点的 inode 的 next 成员，使新节点的 next 指向链表第一个节点，然后将 inode 的值赋给 head，使 head 指向新节点。插入节点的过程如图 12-7 所示。

2、在链表中间插入新节点

如果要插入的新节点在链表中间的某个位置，要执行的是下面的语句。

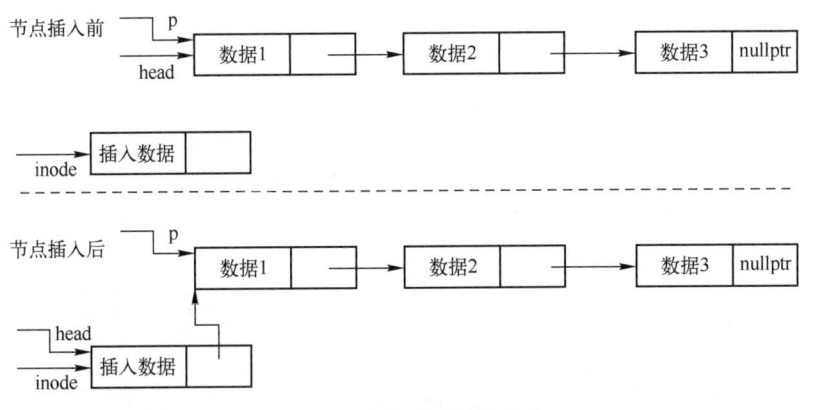

图 12-7　在链表头插入节点

```
else if ( p != nullptr && p->score > iscore )
{
    pre->next = inode;
    inode->next = p;
}
```

此时 p 指向的是要插入新节点的下一个节点，pre 指向的是要插入节点的前一个节点。然后执行 pre->next = inode;语句，使 pre 所指向节点的 next 指向新节点，再执行 inode->next = p;语句，使新节点的 next 指向 p 所指的节点。插入节点的过程如图 12-8 所示。

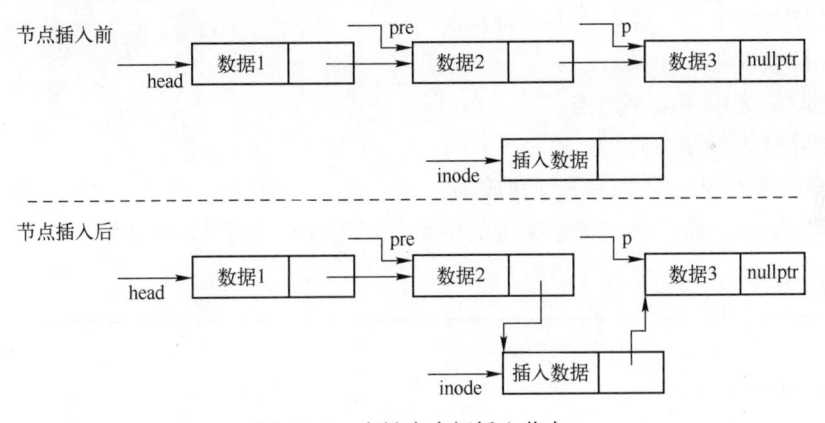

图 12-8　在链表中间插入节点

3、在链表尾插入新节点

如果 p 指向的是 nullptr，则要插入的新节点在链表末尾，执行的是下面的语句。

```
else if ( p == nullptr)
{
    pre->next = inode;
    inode->next = nullptr;
}
```

此时 pre 指向的是链表的最后一个节点。然后执行 pre->next = inode;语句，使 pre 所指向节点（即最后一个节点）的 next 指向新节点，再执行 inode->next = nullptr;语句，使新节点的 next 值为 nullptr。插入节点的过程如图 12-9 所示。

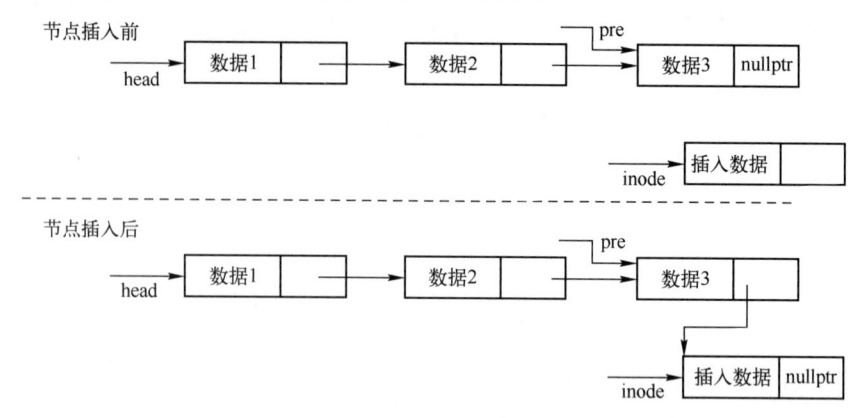

图 12-9　在链表末尾插入节点

第四节　删除节点（扩展阅读）

与插入节点类似，删除链表中的节点时，首先要确定删除节点的位置，然后根据不同的位置进行相应的操作。

要删除节点的位置一般有以下几种情况。

（1）删除链表第一个节点。

（2）删除链表中间某个节点。

（3）删除链表的尾节点。

例 12-3：输入四个学生的学号和成绩，建立链表，然后输入一个学号，将链表中该学号的学生信息删除，最后输出剩余学生的信息。代码如程序段 12-3 所示。

程序段 12-3

```cpp
#include <iostream>
using namespace std;
struct node
{
    int num;
    float score;
    node * next;
};
node * createlist()
{
    node * head, * tail, * p;
    int i;
    head = nullptr;
```

```cpp
        tail = nullptr;
        cout << "输入四个学生的信息:" << endl;
        for (i = 0;i < 4;i++)
        {
            p = new node;
            cout << "学号:";        cin >> p->num;
            cout << "成绩:";        cin >> p->score;
            p->next = nullptr;
            if (head == nullptr)
                head = p;
            else
                tail->next = p;
            tail = p;
        }
        return head;
}
node * deletenode(node * head, int inum)              //删除链表节点的函数
{
        node * p, * pre;
        p = head;
        pre = head;
        while (p != nullptr && p->num != inum)
        {
            pre = p;
            p = p->next;
        }
        if (head == p)                                 //删除链表的第一个节点
            head = p->next;
        else if (p != nullptr && p->num == inum)       //删除链表中间的节点
            pre->next = p->next;
        else if (p == nullptr)                         //删除链表的最后一个节点
            pre->next = nullptr;
        delete p;
        return head;
}
int main()
{
        node * head, * ph;
        int inum;
        float iscore;
        head = createlist();
        cout << "输入要删除学生的学号:";
        cin >> inum;
```

```
        ph = deletenode(head, inum);
        cout << "所有学生的学号和成绩:" << endl;
        while (ph != nullptr)
        {
            cout << ph->num << ',' << ph->score << endl;
            ph = ph->next;
        }
        return 0;
    }
```

代码运行结果如图 12-10 所示。

```
Microsoft Visual Studio 调试控制台
输入四个学生的信息:
学号: 230101
成绩: 75
学号: 230102
成绩: 69
学号: 230105
成绩: 90
学号: 230107
成绩: 82.5
输入要删除学生的学号: 230102
所有学生的学号和成绩:
230101, 75
230105, 90
230107, 82.5
```

图 12-10　删除链表中的节点

函数 createlist 用于建立链表，没有参数，返回值为链表的头指针，是指向结构体类型 node 数据的指针变量。

函数 deletenode 用于在链表中删除一个节点，参数为链表的头指针和要删除节点的数据，返回值为链表的头指针。p 和 pre 都是结构体指针变量，p 指向要删除的节点，pre 指向 p 的前一个节点。

在 deletenode 函数中，下列语句用于查找要删除的节点在链表中的位置。

```
        p = head;
        pre = head;
        while (p != nullptr && p->num != inum)
        {
            pre = p;
            p = p->next;
        }
```

通过赋值，指针变量 p 和 pre 首先都指向链表第一个节点，然后进行判断，如果 p 指向的不是 nullptr，而且 p 指向节点的 num 成员值（即学号）等于要删除的学号 inum，那么就将 pre 指向 p 当前所指向的节点，p 则指向链表的下一个节点。通过 while 循环，使 p 和 pre 不断后移，直到找到要删除节点的位置，此时 p 指向要删除节点，pre 指向 p 的前一个节点。

1、删除链表的第一个节点

如果要删除的节点使链表的第一个节点，那么上面的 while 语句就不会执行，p 还是指向第一个节点，即 p 与 head 相等，要执行的是下面的语句。

```
if ( head == p )
    head = p->next;
```

要删除链表第一个节点，因此将 p 所指向节点的 next 成员的值赋给 head，使 head 指向 p 所指向节点的下一个节点，即链表的第二个节点。删除节点的过程如图 12-11 所示。

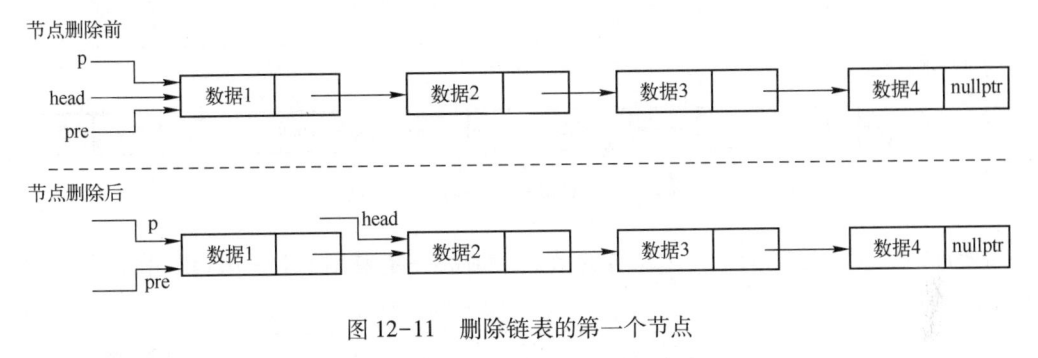

图 12-11 删除链表的第一个节点

2、删除链表中间的节点

如果要删除的节点在链表中间的某个位置，要执行的是下面的语句。

```
else if ( p != nullptr && p->num == inum )
    pre->next = p->next;
```

此时 p 指向的是要删除的节点，pre 指向的是要删除节点的前一个节点。将 p 所指的节点的 next 赋值给 pre 所指向节点的 next，使 p 所指向的节点变为 pre 所指向。删除节点的过程如图 12-12 所示。

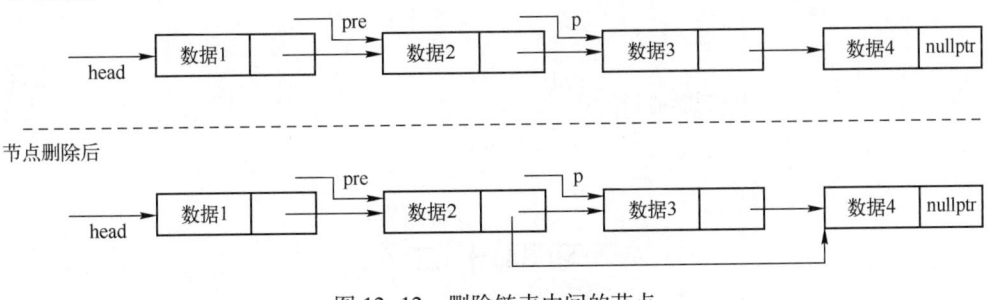

图 12-12 删除链表中间的节点

3、删除链表尾节点

如果 p 指向的是 nullptr，则要删除的节点是链表的最后一个节点，执行的是下面的语句。

```
        else if ( p = = nullptr)
            pre->next = nullptr;
```

此时 p 指向链表的最后一个节点，pre 指向链表尾前面的节点。将 nullptr 赋值给 pre 所指向节点的 next，使 pre 所指向节点的 next 值为 nullptr，该节点变为链表最后一个节点。插入节点的过程如图 12-13 所示。

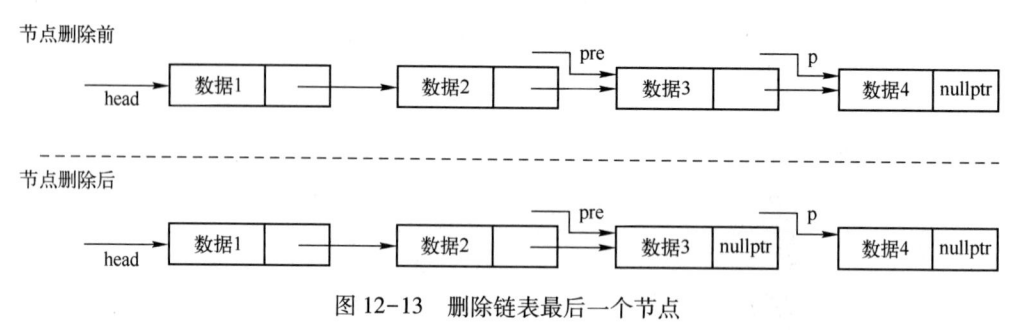

节点删除前

head → 数据1 → 数据2 →(pre) 数据3 →(p) 数据4 | nullptr

节点删除后

head → 数据1 → 数据2 →(pre) 数据3 | nullptr   (p) 数据4 | nullptr

图 12-13　删除链表最后一个节点

需要注意，无论删除的是哪个位置的节点，最后一定要用 delete p; 语句将删除节点的内存空间释放。

本 章 小 结

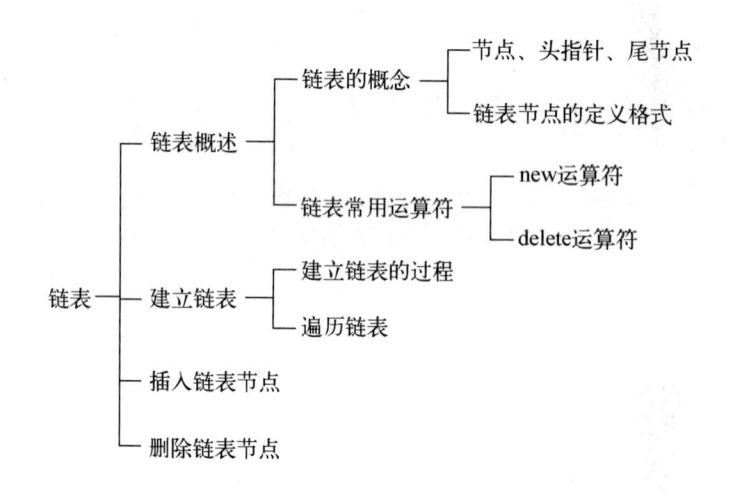

- 链表
  - 链表概述
    - 链表的概念
      - 节点、头指针、尾节点
      - 链表节点的定义格式
    - 链表常用运算符
      - new 运算符
      - delete 运算符
  - 建立链表
    - 建立链表的过程
    - 遍历链表
  - 插入链表节点
  - 删除链表节点

习 题 十 二

一、单选题

1、数组和链表分别是_____。

　　A. 顺序存取的结构和随机存取的结构

　　B. 随机存取的结构和顺序存取的结构

　　C. 随机存取的结构和随机存取的结构

D. 顺序存取的结构和顺序存取的结构

2、链表的所有节点在内存中_____。

　　A. 必须是连续存放的

　　B. 必须是不连续存放的

　　C. 必须有一部分是连续存放的

　　D. 连续存放或不连续存放皆可

3、如链表的头指针为 head，则判断链表为空的条件是_____。

　　A. head->next==nullptr

　　B. head==nullptr

　　C. head->next==head

　　D. head!=nullptr

4、下列关于链表的说法中错误的是_____。

　　A. 插入删除不需要移动元素

　　B. 可以随机访问任一节点

　　C. 所需内存空间与其长度成正比

　　D. 不必先确定存储空间

5、以下结构体类型可以用来建立链表的是_____。

　　A. struct node ｛ int a; int * b; ｝

　　B. struct node ｛ int a; node * b; ｝

　　C. struct node ｛ int * a; node b; ｝

　　D. struct node ｛ int * a; int * b; ｝

6、在链表中，若要将 a 所指节点插入到 p 所指节点后面，下列语句中正确的是_____。

　　A. a->next=p+1; p->next=a;

　　B. (*p).next=a; (*a).next=(*p).next;

　　C. a->next=p->next; p->next=a->next;

　　D. a->next=p->next; p->next=a;

7、在链表中，若要删除 p 所指节点后面的节点，下列语句中正确的是_____。

　　A. p=p->next; p->next=p->next->next;

　　B. p->next=p->next;

　　C. p->next=p->next->next;

　　D. p=p->next->next;

二、判断题

1、链表中的节点个数必须在定义时进行说明。

2、链表中的任一节点都可以随机访问。

3、链表必须有头指针。

4、链表最后一个节点指针域中的值为 nullptr。

5、表示链表节点的结构体类型中，必须有一个成员是指向自身结构体的指针变量。

6、可以通过计算确定链表某个节点的内存地址。

7、链表中的节点不再使用时，所占内存空间可以不释放。

三、填空题

1、链表的每个节点包含两部分内容：_____和_____。

2、由 malloc 函数申请分配的内存空间可以用_____函数释放。

3、delete 运算符释放的是使用_____运算符分配的内存空间。

4、若 p 指向链表的第一个节点，_____语句可以使 p 依次指向后续的每个节点。

5、若 p 指向链表的最后一个节点，pre 指向最后一个节点前面的节点，删除最后一个节点的语句是_____。

实验十二　链　　表

编写 C++程序，完成以下任务。

一、建立包含学生的学号和姓名的链表，当输入的学号为 0 时建立链表结束。

二、建立包含五个学生的学号和姓名的链表，然后将链表反转，链表尾变成链表头。

三、建立包含学生的学号和成绩的链表，当输入的学号为 0 时建立链表结束，输出链表正中间一个或两个节点的学号和成绩。

四、建立包含五个学生的学号和姓名的链表，然后输入 1-5 中的任一数字，将数字对应的节点删除。

第十三章 文 件

学习目标：
1、理解 FILE 结构体类型的概念；掌握文件指针变量的使用。
2、掌握打开文件和关闭文件的函数使用。
3、掌握读写文件的函数使用。
建议学时： 2 学时
教师导读：
1、文件是可以长期保存的数据集合。本章要求考生理解文件的相关概念。
2、要求考生掌握打开文件、关闭文件、读写文件的函数。
3、要求考生能阅读文件的相关程序。

文件可以长期保存数据。本章介绍文件的概念；打开和关闭文件；读写文件的方法。

第一节 文件概述

文件是指一些具有永久存储及特定顺序的字节组成的一个有序的、具有名称的集合。文件通常存储在外部介质（如磁盘、光盘）上，通过文件名对其进行访问，即在使用时按文件名从外存储器中找到指定文件，再将文件内容读入内存进行处理，或从内存将数据写入文件。

在 C++中，文件被看作是字符（字节）的序列，即由一个一个字符（字节）的数据顺序组成。对文件的存取是以字符（字节）为单位进行的。

按照不同的标准，可以将文件分为不同的类型。

（1）ASCII 文件和二进制文件

按照数据的编码方式可以分为 ASCII 文件和二进制文件。

ASCII 文件又称文本文件，存放的是各种数据的 ASCII 码。一个字节代表一个字符，用 2 个字节代表一个汉字，因而便于对字符进行逐个处理，也便于打印输出字符。但一般占存储空间较多，而且要花费时间进行二进制码和 ASCII 码间的转换。

二进制文件存放的是各种数据的二进制代码，即把数据按其在内存中的存储形式在外存储器中存放。可以存储任何形式的数据。用二进制形式存储数据，可以节省外存空间和转换时间，但不能直接输出字符形式。

（2）程序文件和数据文件

按照数据的性质可以分为程序文件和数据文件。

程序文件存放的是可以由计算机执行的程序，包括源文件和可执行文件。在 C++中，扩展名为 .exe、.sln、.vcxproj 等的文件都是程序文件。

数据文件存放的是程序运行时所用到的输入或输出的数据，例如，学生成绩、图书目录等。这类数据必须通过程序来存取和管理。

第二节　文件的打开与关闭

一、文件指针变量

头文件 stdio.h 中定义了一个名为 FILE 的结构体类型，其成员为与文件有关的信息，如文件名、文件状态、文件当前操作位置等。程序中使用一个文件时，系统为该文件创建一个 FILE 类型的结构体变量，C++中对文件的操作是通过指向这个结构体变量的指针变量来实现的，这个指针变量也称为文件指针变量。

文件指针变量的定义格式如下。

> FILE * 指针变量名

例如，

> FILE * fp;

定义了一个文件指针变量 fp，fp 可以指向一个 FILE 类型的结构体变量，然后通过该结构体变量中的文件信息对文件进行相应的操作。

二、文件的打开

对文件进行操作的一般步骤为：
（1）打开文件；
（2）读写文件；
（3）关闭文件。

打开文件就是将文件的有关信息保存到一个 FILE 类型的结构体变量中，并使文件指针变量指向该结构体变量，从而对文件进行后续操作。

C++中可以使用 fopen 函数打开文件。fopen 函数的原型如下。

> FILE * fopen(const char * filename, const char * mode);

filename 为文件名，mode 为打开文件的方式。fopen 函数的返回值为 FILE 类型结构体变量的起始地址。如果文件打开失败，则返回 nullptr。

函数说明：

（1）filename 文件名中可以包含文件的路径，路径中的分隔符应写成"\\"，因为"\\"是转义字符，表示字符"\"。例如文件名 d:\\vs\\stu_data.txt 表示文件 d:\vs\stu_data.txt。

（2）mode 打开文件的方式表明文件打开后可以进行的操作。基本的文件打开方式如表 13-1 所示。

表 13-1 文件打开方式

文件打开方式	说　　明
"r"	只读方式打开文件。只允许读取，不允许写入。如果文件不存在，则打开失败
"w"	写入方式打开文件。如果文件不存在，则创建新文件。如果文件存在，则清空文件原来的内容
"a"	追加方式打开文件。如果文件不存在，则创建新文件。如果文件存在，则保留文件原来的内容，将写入的数据追加到文件末尾
"r+"	读写方式打开文件。既可以读取也可以写入。文件必须存在，否则打开失败
"w+"	读写方式打开文件。既可以读取也可以写入。如果文件不存在，则创建新文件。如果文件存在，则清空文件原来的内容
"a+"	读写方式打开文件，既可以读取也可以写入。如果文件不存在，则创建新文件。如果文件存在，则保留文件原来的内容，将写入的数据追加到文件末尾

如果要打开二进制文件，需要在表中的打开方式后面加字符"b"，如"rb""ab+"。
（3）调用 fopen 函数的方式一般为：

```
文件指针变量 = fopen(filename, mode);
```

例如，

```
FILE * fp;
fp = fopen("d:\\vs\\stu_data.txt", "r");
```

以只读方式打开文件 d:\vs\stu_data.txt，并且使指针变量 fp 指向该文件。
（4）使用 fopen 函数打开文件时，可能会出现文件不存在等原因导致的打开失败情况。如果打开文件失败，后续的操作都将无法进行，因此在调用 fopen 函数后，一般会判断文件是否成功打开。

例如，

```
if (fp == nullptr)
{
    cout << "文件未打开" << endl;
    exit(0);
}
```

打开文件失败时，fopen 函数返回空指针 nullptr，因此指针变量 fp 的值也为 nullptr，if 语句的判断条件成立，然后输出提示信息，调用 exit 函数关闭所有文件，结束程序运行。

三、文件的关闭

文件使用完毕后，应该及时关闭文件，避免数据丢失。
关闭文件可以使用 fclose 函数。fclose 函数的原型如下。

```
int fclose(FILE * stream);
```

stream 为指向 FILE 结构体变量的指针变量。如果成功关闭文件，则 fclose 函数的返回值为 0，否则返回非 0 值。

例如，

```
fclose(fp);
```

关闭文件指针变量 fp 指向的文件，即 fp 不再指向该文件，断开指针变量与文件之间的联系。

第三节　文件的读写

文件打开后，就可以进行读取和写入的操作。在 C++ 中，文件有多种读写方式，从读写形式分，有按字符读写、按字符串读写、按数据块读写和按格式读写。从读写位置分，有从文件头读写和从任意位置读写。

一、字符读写

按字符读写文件时，每次可以从文件读取一个字符，或者向文件写入一个字符。

1、字符读取函数 fgetc

fgetc 函数用于从指定的文件读取一个字符。fgetc 的原型如下。

```
int fgetc(FILE * stream);
```

stream 为文件指针变量。fgetc 函数读取成功时，返回值为读取字符的 ASCII 码，读取到文件末尾或读取失败时返回 EOF。EOF 为文件结束标志，是在头文件 stdio.h 中定义的一个常量，它的值一般为 -1。

例如，

```
FILE * fp;
char c;
fp = fopen("d:\\vs\\data.txt", "r");
c = fgetc(fp);
```

从 fp 所指向的文件 d:\vs\data.txt 读取一个字符，然后保存到变量 c 中。

C++ 的每个文件内部都有一个位置指针，用来指向当前的读写位置。在文件打开时，该指针指向文件的第一个字节。使用 fgetc 函数后，该指针会向后移动一个字节。因此读取多个字符时，需要连续多次使用 fgetc 函数。

2、字符写入函数 fputc

fputc 函数用于向指定的文件写入一个字符。fputc 的原型如下。

```
int fputc(int c, FILE * stream);
```

c 为要写入的字符，stream 为文件指针变量。fputc 函数写入成功时，返回值为写入的字符的 ASCII 码，失败时返回 EOF。每写入一个字符，文件内部位置指针向后移动一个字节。

例如,

```
FILE * fp = fopen("d:\\vs\\data.txt", "w");
char c='a';
fputc(c, fp);
```

将字符 a 写入 fp 所指向的文件 d:\vs\data.txt。

被写入的文件可以用写入、读写、追加方式打开。如果被写入的文件不存在,则创建该文件。如果被写入的文件已存在,则用写入或读写方式打开时将清除文件原有的内容,并将写入的字符放在文件开头。如果要保留文件原有内容,将写入的字符放在文件末尾,就必须以追加方式打开。

例 13-1:将输入的一行字符写入一个文件中,输入以#结束,然后输出该文件中的字符。代码如程序段 13-1 所示。

程序段 13-1

```cpp
#define _CRT_SECURE_NO_WARNINGS
#include <iostream>
using namespace std;
int main()
{
    FILE * fp;
    char c;
    fp = fopen("d:\\vs\\data.txt", "w");      //以写入方式打开文件
    if (fp == nullptr)
    {
        cout << "文件打开错误" << endl;
        exit(0);
    }
    cout << "输入一行字符,以#结束:" << endl;
    cin >> c;
    while (c != '#')                          //每次写入一个字符到文件中,直到#结束
    {
        fputc(c, fp);
        cin.get(c);
    }
    fclose(fp);                               //关闭文件
    fp = fopen("d:\\vs\\data.txt", "r");      //以只读方式打开文件
    if (fp == nullptr)
    {
        cout << "文件打开错误" << endl;
        exit(0);
    }
    c = fgetc(fp);
```

```
    while (c != EOF)                    //每次从文件读取一个字符，直到文件结束标志
    {
        cout << c;
        c = fgetc(fp);
    }
    fclose(fp);                         //关闭文件
    return 0;
}
```

代码运行结果如图 13-1 所示。

```
Microsoft Visual Studio 调试控制台
输入一行字符，以#结束：
programming language C/C++#
programming language C/C++
```

图 13-1　输入字符到文件，然后输出文件内容

需要注意，在 Visual Studio 2022 中使用 fopen 函数时，会出现函数不安全的错误提示信息，可以在程序最前面添加语句#define _CRT_SECURE_NO_WARNINGS 来解决。

将字符写入文件时，遇到#结束循环，从文件读取字符时，遇到文件结束标志 EOF 结束循环。进行写入字符和读取字符的操作，程序中对同一个文件 d:\vs\data.txt 使用了两种不同的打开文件方式，因此也用了两次 fclose 函数来关闭文件。

二、字符串读写

按字符串读写文件时，每次可以从文件读取一个字符串，或者向文件写入一个字符串。

1、字符串读取函数 fgets

fgets 函数用于从指定的文件读取一个字符串。fgets 的原型如下。

```
char *fgets(char *str, intnumChars, FILE *stream);
```

str 为字符串的存放地址，numChars 为读取的字符数，stream 为文件指针变量。fgets 函数读取成功时，返回值为读取的字符串在内存中的首地址，也就是 str，读取失败或读取到文件末尾时返回 nullptr。

str 可以是字符数组名，也可以是指向字符数组的字符指针变量名。

fgets 函数读取字符串时，系统会在字符串末尾自动添加字符串结束标志'\0'，因此函数实际上只读取了 numChars-1 个字符。如果在读取到 numChars-1 个字符之前遇到换行符或者 EOF，则读取也会结束，即 fgets 函数最多只能读取一行数据，不能跨行。

例如，

```
char str[100];
FILE *fp = fopen("d:\\vs\\data.txt", "r");
fgets(str, 20, fp);
```

从 fp 所指向的文件 d:\vs\data.txt 读取 19 个字符,然后保存到字符数组 str 中。

2、字符串写入函数 fputs

fputs 函数用于向指定的文件写入一个字符串。fputs 的原型如下。

```
int fputs(const char * str, FILE * stream);
```

str 为要写入的字符串,stream 为文件指针变量。fputs 函数写入成功时,返回值为 0,写入失败时返回 EOF。

str 可以是字符串常量,也可以是字符数组名,或是指向字符串的指针变量。

fputs 函数向文件写入字符串时,字符串结束标志'\0'不写入。

例如,

```
FILE * fp = fopen("d:\\vs\\data.txt", "a");
const char * str = "computer science";
fputs(str,fp);
```

将指针变量 str 指向的字符串写入文件 d:\vs\data.txt。

也可以写为以下形式。

```
FILE * fp = fopen("d:\\vs\\data.txt", "a");
fputs("computer science",fp);
```

例 13-2:将文件 2 的内容复制到文件 1 中。代码如程序段 13-2 所示。

程序段 13-2

```
#define _CRT_SECURE_NO_WARNINGS
#include <iostream>
using namespace std;
int main()
{
    char str[150], f1[50], f2[50];
    FILE * fp1, * fp2;
    cout << "输入文件名 1:" << endl;
    cin.getline(f1,50);
    cout << "输入文件名 2:" << endl;
    cin.getline(f2,50);
    fp1 = fopen(f1, "a");                //以追加方式打开文件 1
    if (fp1 ==nullptr)
    {
        cout << "文件 1 打开错误" << endl;
        exit(0);
    }
    fp2 = fopen(f2, "r");                //以只读方式打开文件 2
    if (fp2 ==nullptr
```

```
        }
            cout << "文件2打开错误" << endl;
            exit(0);
    }
    while (fgets(str, 100, fp2) != nullptr)      //从文件2中读取字符串
        fputs(str, fp1);                         //将字符串写入文件1
    cout << "文件内容复制完成" << endl;
    fclose(fp1);
    fclose(fp2);
    return 0;
}
```

代码运行结果如图 13-2 所示。

```
Microsoft Visual Studio 调试控制台
d:\vs\data1.txt
输入文件名2:
d:\vs\data2.txt
文件内容复制完成
```

图 13-2　文件内容复制结果

读取文件 2 中的字符串存放到字符数组 str 中，然后将 str 的内容追加写入到文件 1 中。程序运行中输入文件名时，路径中的分隔符直接写成"\"即可。

三、数据块读写

fgets 函数每次最多只能从文件中读取一行内容，如果需要读取多行内容，则可以使用 fread 函数。

1、数据块读取函数 fread

fread 函数用于从指定的文件读取数据块。fread 的原型如下。

```
size_t fread(void *buffer, size_t size, size_t count, FILE *stream);
```

buffer 为数据块的存放地址，size 为每个数据块的字节数，count 为要读取数据块的个数，stream 为文件指针变量。fread 函数读取成功时，返回值为读取的数据块个数，也就是 count。如果返回值小于 count，则可能读取到了文件末尾，也可能发生了错误。

size_t 是无符号整数，常用来表示数量。

fread 函数会从 stream 指向的文件中读取长度为 size 的 count 个数据块，然后存放到 buffer 指向的内存空间。

2、数据块写入函数 fwrite

fwrite 函数用于向指定的文件写入数据块。fwrite 的原型如下。

```
size_t fwrite(const void *buffer, size_t size, size_t count, FILE *stream);
```

buffer 为数据块的存放地址，size 为每个数据块的字节数，count 为要写入数据块的个数，stream 为文件指针变量。fwrite 函数写入成功时，返回值为写入的数据块个数。如果返回值小于 count，则发生了写入错误。

fwrite 函数会将以 buffer 为首地址的内存中长度为 size 的 count 个数据块写入 stream 指向的文件中。

例 13-3：输入三个学生的信息，包含学号、姓名和成绩，将所有数据写入文件，然后从文件读取成绩大于 80 的学生信息输出。代码如程序段 13-3 所示。

程序段 13-3

```cpp
#define _CRT_SECURE_NO_WARNINGS
#include <iostream>
using namespace std;
int main()
{
    struct student
    {
        int num;
        char name[20];
        float score;
    };
    student stu[3], t;
    FILE * fp;
    int i;
    fp = fopen("d:\\vs\\ stu_data.txt", "wb");        //以二进制方式打开文件
    if (fp == nullptr)
    {
        cout << "文件打开错误" << endl;
        exit(0);
    }
    for (i = 0; i < 3; i++)
    {
        cout << "输入学生的信息:" << endl;
        cout << "学号:";          cin >> stu[i].num;
        cin.get();
        cout << "姓名:";          cin.get(stu[i].name, 20);
        cout << "成绩:";          cin >> stu[i].score;
    }
    fwrite(stu, sizeof(student), 3, fp);              //将 3 个学生的信息写入文件
    fclose(fp);
    fp = fopen("d:\\vs\\ stu_data.txt", "rb");        //以二进制方式打开文件
    cout << "--------------------------" << endl;
    cout << "成绩大于 80 的学生信息:" << endl;
```

```
        for (i = 0;i < 3;i++)
        {
            fread(&t, sizeof(student), 1, fp);            //从文件读取1个学生信息
            if (t.score > 80)
                cout << "学号" << t.num << "的" << t.name << ",成绩为" << t.score << endl;
        }
        fclose(fp);
        return 0;
    }
```

代码运行结果如图 13-3 所示。

图 13-3　成绩大于 80 的学生信息

使用 fread 函数和 fwrite 函数时一般以二进制形式打开文件，因此程序中的打开文件方式为 wb 和 rb。

语句 fwrite(stu, sizeof(student), 3, fp); 表示从结构体数组 stu 的起始地址开始，将 3 个学生的结构体变量信息写入 fp 指向的文件 d:\vs\stu_data.txt 中。语句 fread(&t, sizeof(student), 1, fp); 则表示从文件读取 1 个学生的信息并存放到结构体变量 t 中。

四、随机读写

前面介绍的文件读写函数都是顺序读写，读写文件只能从文件头开始，然后依次读写各个数据。如果要从文件的任意位置开始读写，就必须先移动文件内部的位置指针到指定位置，再进行读写，这种读写方式称为随机读写。按要求移动位置指针，称为文件的定位。C++ 中有以下几个常用的文件定位函数。

1、定位文件头函数 rewind

随着文件的读写操作，文件内部的位置指针会不断后移，rewind 函数用于将位置指针重新移动到文件开头，它的原型如下。

```
void rewind(FILE * stream);
```

stream 为文件指针变量。函数没有返回值。

2、随机定位函数 fseek

fseek 函数用于将位置指针移动到文件的任意位置，它的原型如下。

```
int fseek(FILE *stream, long offset, int origin);
```

stream 为文件指针变量，offset 为偏移量，即要移动的字节数，origin 为起始位置。fseek 函数定位成功时，返回值为 0，否则返回一个非 0 值。

offset 是长整型数值，可以为正值也可以为负值，为正时表示指针向后移动，为负时表示指针向前移动。

origin 起始位置有三种，分别为文件开头、当前位置和文件末尾，每个位置都用对应的常量来表示，如表 13-2 所示。

表 13-2 起始位置表示

起始位置	常量名	常量值
文件开头	SEEK_SET	0
文件当前位置	SEEK_CUR	1
文件末尾	SEEK_END	2

例如，

```
fseek(fp, 20L, 0);
//fp 指向的文件中的位置指针从文件开头后移 20 个字节位置
fseek(fp, -15L, SEEK_END);
//fp 指向的文件中的位置指针从文件末尾前移 15 个字节位置
```

需要注意的是，fseek 函数一般用于二进制文件。

例 13-4：输入四个学生的信息，包含学号、姓名和成绩，将所有数据写入文件，然后从文件读取第 n 个学生的信息输出。代码如程序段 13-4 所示。

程序段 13-4

```cpp
#define _CRT_SECURE_NO_WARNINGS
#include <iostream>
#include <string.h>
using namespace std;
int main()
{
    struct student
    {
        int num;
        char name[20];
        float score;
    };
    student stu[4], t;
```

```cpp
    FILE * fp;
    int i, n;
    fp = fopen("d:\\vs\\ stu_data.txt", "wb+");
    if (fp == nullptr)
    {
        cout << "文件打开错误" << endl;
        exit(0);
    }
    for (i = 0; i < 4; i++)
    {
        cout << "输入学生的信息:" << endl;
        cout << "学号:";      cin >> stu[i].num;
        cin.get();
        cout << "姓名:";      cin.get(stu[i].name, 20);
        cout << "成绩:";      cin >> stu[i].score;
    }
    fwrite(stu, sizeof(student), 4, fp);
    cout << "--------------------------" << endl;
    cout << "输入学生序号(1-4):";
    cin >> n;
    rewind(fp);           //将文件内的位置指针定位到文件开头
    //位置指针从文件开头后移到第 n 个学生信息的位置
    fseek(fp, sizeof(student) * (n - 1), 0);
    fread(&t, sizeof(student), 1, fp);
    cout << "学号" << t.num << "的" << t.name << ",成绩为" << t.score << endl;
    fclose(fp);
    return 0;
}
```

代码运行结果如图 13-4 所示。

图 13-4　第 n 个学生的信息

本 章 小 结

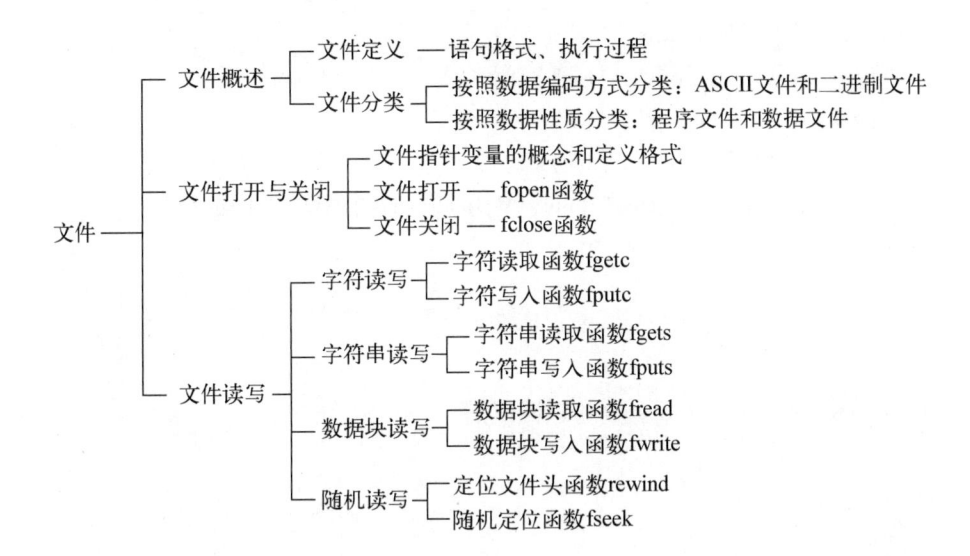

```
文件 ┬ 文件概述 ┬ 文件定义 ── 语句格式、执行过程
     │         └ 文件分类 ┬ 按照数据编码方式分类：ASCII文件和二进制文件
     │                   └ 按照数据性质分类：程序文件和数据文件
     ├ 文件打开与关闭 ┬ 文件指针变量的概念和定义格式
     │               ├ 文件打开 ── fopen函数
     │               └ 文件关闭 ── fclose函数
     └ 文件读写 ┬ 字符读写 ┬ 字符读取函数fgetc
               │         └ 字符写入函数fputc
               ├ 字符串读写 ┬ 字符串读取函数fgets
               │           └ 字符串写入函数fputs
               ├ 数据块读写 ┬ 数据块读取函数fread
               │           └ 数据块写入函数fwrite
               └ 随机读写 ┬ 定位文件头函数rewind
                         └ 随机定位函数fseek
```

习 题 十 三

一、单选题

1、按照数据的形式，文件可以分为_____。
    A. 磁盘文件和设备文件
    B. 文本文件和二进制文件
    C. 程序文件和数据文件
    D. 顺序文件和随机文件

2、FILE 的类型是_____。
    A. 数组
    B. 结构体
    C. 字符
    D. 指针

3、下列关于文件打开方式的说法中正确的是_____。
    A. "a" 方式打开的文件只能读取数据
    B. "w" 方式打开的文件只能写入数据
    C. "b" 方式可以打开二进制文件
    D. "w+" 方式打开的文件只能写入数据

4、下列关于 fopen 函数的说法中不正确的是_____。
    A. fopen 中打开文件的方式为 "r" 时，如果文件不存在，则打开失败
    B. fopen 中打开文件的方式为 "w" 时，如果文件不存在，则创建新文件

C. fopen 函数的返回值无须判断

D. fopen 打开的文件要用 fclose 关闭

5、打开一个二进制文件的方法是_____。

A. fopen("d:\\ data. bin","w")

B. fopen("d:\\ data. bin","bw")

C. fopen("d:\\ data. bin","wb")

D. fopen("d:\\ data. bin","b")

6、若 fp 为文件指针变量，函数 fputc('A',fp) 成功执行后的返回值是_____。

A. 1

B. EOF

C. -1

D. 65

7、成功关闭文件后，fclose 函数的返回值是_____。

A. 1

B. 0

C. -1

D. EOF

8、函数 fgets(str,num,fp) 的功能是_____。

A. 从 fp 所指向文件中读取长度为 num 的字符串，存入指针变量 str 指向的内存

B. 从 fp 所指向文件中读取 num 个字符串，存入指针变量 str 指向的内存

C. 从 fp 所指向文件中读取长度不超过 num-1 的字符串，存入指针变量 str 指向的内存

D. 从 fp 所指向文件中读取长度为 num-1 的字符串，存入指针变量 str 指向的内存

9、函数 fread(buffer,size,count,fp) 中 buffer 的含义是_____。

A. 一个整型变量，表示要读入的数据总和

B. 一个文件指针，指向要读取的文件

C. 一个内存区域，用于存放读取的数据

D. 一个指针，指向读取数据的存放地址

10、若要将文件指针变量 fp 指向文件的内部位置指针定位于文件末尾，则下列语句正确的是_____。

A. rewind(fp);

B. feof(fp);

C. fseek(fp,0L,2);

D. fseek(fp,0L,0);

二、判断题

1、fopen 函数的文件名中可以包含文件的路径，路径中的分隔符应写成"\\"。

2、使用"r+"方式打开文件时，如果文件不存在，则创建新文件。

3、EOF 为文件结束标志，它的值一般为 0。

4、fgets 函数最多只能读取一行数据，不能读取多行。

5、fputs 函数向文件写入字符串时，字符串结束标志'\0'不写入。
6、fread 函数可以读取多行数据。
7、fseek 函数中的起始位置为文件头时，用常量 1 表示。

三、填空题
1、文件操作是由_____头文件中的库函数完成的。
2、fopen 函数以只读方式打开一个二进制文件，应使用的符号是_____。
3、函数_____用于将一个字符写入文件。
4、rewind 函数用于将位置指针移动到_____。
5、将 fp 所指向文件中的位置指针从文件末尾前移 20 个字节位置，应使用的语句是_____。

实验十三 文 件

编写 C++程序，完成以下任务。
一、输入一行字符并写入一个文件中，输入以#结束，然后输出该文件中的字符，其中小写字母输出为大写字母。
二、输入 5 个学生的数据，每个学生包括学号、姓名、性别，将所有数据写入文件，然后从文件读取性别为 F 的学生信息输出。
三、将文件 2 中的最后 10 个字符连接到文件 1 的末尾。
四、将 26 个小写英文字母写入文件，然后每隔 2 个字母读取显示。

第十四章　类和对象

学习目标：
1、理解类和对象的概念。
2、掌握类的定义和成员函数的定义。
3、掌握对象的定义和对象的访问方法。
4、掌握构造函数和析构函数的特点、作用、形式和调用。
建议学时： 4 学时
教师导读：
1、类是 C++的核心内容，是面向对象编程的基础。本章要求考生理解类和对象的相关概念。
2、要求考生掌握类的定义，掌握对象的定义和访问，能够设计和使用简单类。
3、要求考生掌握构造函数和析构函数两个特殊成员函数的作用、形式及调用。

第一节　类

一、类的概念

编写程序的目的是为了模拟和解决现实问题。现实世界中的事物如何用代码来描述？这需要经过一个抽象、定义类、使用类的过程。

1、抽象

抽象是对事物进行分析找出本质，概括提炼出事物的公共性质并加以描述的过程。抽象分为以下两部分。

（1）数据抽象：描述事物共有的属性或状态。比如"人"，共有的属性有姓名、年龄、性别、出生年月、身高、血型等。

（2）行为抽象：描述事物共有的行为特征或具有的功能。比如"人"，共有的行为有吃饭、穿衣、睡觉、工作、学习、出行等。

2、类

在 C++中，通过类来描述抽象的结果。类是对事物的抽象，抽象出共有的属性和行为。
类包含两个成员：数据成员和成员函数。
数据成员：表达数据抽象，用数据变量来描述属性。
成员函数：表达行为抽象，用函数来描述行为特征。
例如"计算机"类。
数据成员：具有键盘、屏幕、内存和硬盘等属性。
成员函数：具有打开、关闭、读、写等行为。
再例如"汽车"类。

数据成员：具有标志、颜色、型号、价格、生产商等属性。
成员函数：具有起动、停止、行驶、加速、减速、鸣笛等行为。

二、类的定义

C++中，类是一种用户自定义的数据类型（也称为类类型），它类似于 int、float、double、char 等基本数据类型，但它是一种抽象的、复杂的数据类型，可以看成是结构体的升级版。

类在使用前必须定义。类定义包含类头和类体两部分，如图 14-1 所示。

类体	类头
	数据成员
	成员函数

图 14-1　类定义的组成

类定义的语法格式如下。

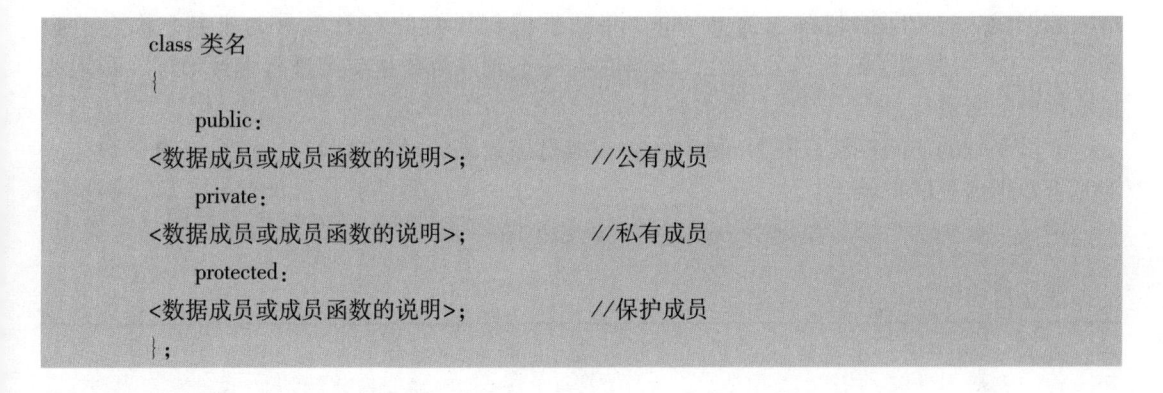

```
class 类名
{
    public：
<数据成员或成员函数的说明>；            //公有成员
    private：
<数据成员或成员函数的说明>；            //私有成员
    protected：
<数据成员或成员函数的说明>；            //保护成员
};
```

说明：
（1）类头使用关键字 class，类名是一个标识符。
（2）大括号中是类体，包含数据成员和成员函数。
（3）类定义以分号";"结束。
（4）数据成员可以是基本数据类型（如 int、float 等），也可以是数组、指针等类型。
（5）成员函数实现类的功能。
（6）成员函数和数据成员的声明没有先后次序。
（7）数据封装的目的就是信息隐蔽。为了达到信息隐蔽，可以对类成员设定访问控制权限。关键字 public、private 和 protected 称为成员访问限定符，如果不写限定符，默认为 private。

public 表示公有成员，不仅可以被本类访问或调用，外界也可以直接访问或者调用。
private 表示私有成员，该部分内容是私密的，不能被外部所访问或调用，只能被本类内部访问。
protected 表示保护成员，与 private 类似，差别在于继承与派生时对派生类的影响不同。

一般来说公有成员通常为成员函数,私有成员通常为数据成员。

例 14-1:定义"长方体"类,求长方体的体积和表面积。"长方体"类的组成部分,如图 14-2 所示。

类名:cubiod	
数据成员:private	
double d	//长方形的长
double w	//长方形的宽
double h	//长方形的高
成员函数:public	
void set(double d1, double w1, double h1)	//设置数据成员值
void display()	//输出数据成员值
double getVolume()	//求长方体体积
double getArea()	//求长方体表面积

图 14-2 "长方体"类的组成部分

数据成员包含:长方体的长、宽和高。

成员函数包含:设置数据成员值、输出数据成员值、求长方体体积和表面积。

数据成员的访问控制权限为 private。将数据成员设置为私有成员的机制,称为"隐藏"。"隐藏"保证了数据的安全性,就是在类外不允许对数据成员进行直接访问,必须通过成员函数来进行。

成员函数的访问控制权限为 public。公有成员函数 set() 的作用就是通过 set() 函数完成对私有数据成员的初始化。

定义"长方体"类,类名为 cubiod,代码如程序段 14-1 所示。

程序段 14-1

```
class cubiod
{
private:
    double d, w, h;

public:
    void set(double d1,double w1,double h1)    //成员函数:设置数据成员值
    {
        d = d1; w = w1; h = h1;
    }
    void display()                              //成员函数:输出数据成员值
    {
        cout << "长 ="<<d << '\t' << "宽 ="<<w << '\t' << "高 =" << w << endl;
    }
    double getVolume()                          //成员函数:计算体积
    {
        return d * w * h;
```

```
        }
        double getArea( )                    //成员函数：计算表面积
        {
            return (d * w + d * h + h * w) * 2;
        }
};
```

cubiod 类相当于一个新的数据类型，它将不同类型的数据变量和对数据操作的函数封装在一起，是 C++ 封装的基本单元。

三、成员函数

成员函数由函数头和函数体组成，函数头包括函数名、函数的参数列表和函数的返回值类型；函数体实现成员函数的功能。

成员函数与一般函数的区别在于它属于类的一部分，可以直接访问类的成员。

1、成员函数在类体中定义

在类体中定义的成员函数一般规模比较小，语句只有几句。例 14-1 中，成员函数 set( )、display( )、getVolumn( ) 和 getArea( ) 都是在类体中定义的。

成员函数在类体中的定义形式如下。

```
返回值类型 函数名(参数表)
{
    // 函数体
}
```

2、成员函数在类体外定义

成员函数也可以在类体中只声明原型，而成员函数的具体实现在类的外部。

成员函数在类体外定义的形式如下。

```
返回值类型  类名::函数名(参数表)
{
    // 函数体
}
```

"::"称为作用域运算符，用它声明函数是属于哪个类的。

例 14-2：定义"长方体"类，求长方体的表面积和体积。其中成员函数体在类的外部定义。代码如所示。

程序段 14-2

```
class cubiod
{
private：
    double d, w, h;
```

```
    public:
        void set(double d1, double w1, double h1);    //函数原型声明
        void display();                                //函数原型声明
        double getVolume();                            //函数原型声明
        double getArea();                              //函数原型声明
};

void cubiod::set(double d1, double w1, double h1)//成员函数体在类的外部
{
    d = d1; w = w1; h = h1;
}
void cubiod::display()
{
    cout << "长=" << d << '\t' << "宽=" << w << '\t' << "高=" << w << endl;
}
double cubiod::getVolume()
{
    return d * w * h;
}
double cubiod::getArea()
{
    return (d * w + d * h + h * w) * 2;
}
```

成员函数体在类的外部定义时，函数原型声明在类体内，函数实现在类体外，成员函数名的前面需要加类名和作用域运算符"::"。

第二节　对　象

一、对象的概念

类是对象的模板，而对象则是类的实例。对象就是将类具体化为一个可以操作的实体。例如，定义一个名为"人"的类，这个类描述了人的基本信息和行为。"李雷"和"韩梅梅"就是"人"这个类的具体化实例（即对象），这两个对象拥有了"人"这个类中定义的属性和行为。类和对象的关系如下。

1、类是抽象的

类只是一个模板，系统不为其分配空间，所以在定义类时不能对数据成员进行初始化，因为没有地方存储数据。

2、对象是具体的

对象是类的一个具体实例，系统为其分配空间。只有在定义对象以后才会给数据成员分配内存，才可以赋值。

3、类和对象的定义顺序

面向对象程序设计中，应该先定义类，之后再定义对象。类不能直接使用，类只有通过对象才可以使用，而对象是可以直接使用的。

类与对象的关系就好比数据类型与变量的关系。

二、对象的定义

对象的定义形式如下。

> 类名 对象名表；

说明：类名是已经定义好的类。对象名表有多个对象时，各对象名之间用逗号隔开。例如，

> cubiod x;   //定义一个 cubiod 类型的变量 x
> cubiod x, y;   //定义两个 cubiod 类型的变量 x 和 y

三、对象的访问

定义对象后，即可访问对象中的数据成员和成员函数。

1、通过对象来访问成员

语法形式如下。

> 对象名.公有数据成员
> 对象名.公有成员函数名(参数表)

点运算符"."左侧是一个类类型的对象，右侧是该类型的一个成员名，运算结果为右侧指定的成员。

例 14-3：利用定义好"长方体"类，从键盘输入长、宽和高，输出长方体的体积和表面积。代码如程序段 14-3 所示，类定义部分在代码前面，主函数 main 在代码后面。

程序段 14-3

```cpp
#include<iostream>
using namespace std;
//类的定义
class cubiod
{
private:
    double d, w, h;

public:
    void set(double d1, double w1, double h1);    //函数原型声明
    void display();
    double getVolume();
```

```cpp
        double getArea();
};

void cubiod::set(double d1, double w1, double h1)   //成员函数体在类的外部
{
    d = d1; w = w1; h = h1;
}
void cubiod::display()
{
    cout << "长=" << d << '\t' << "宽=" << w << '\t' << "高=" <<h<< endl;
}
double cubiod::getVolume()
{
    return d * w * h;
}
double cubiod::getArea()
{
    return (d * w + d * h + h * w) * 2;
}
//主函数
int main()
{
    cubiod x;                          //定义对象
    double a, b, c;
    cin >> a >> b >> c;                //输入长宽高
    x.set(a, b, c);                    //调用对象的成员函数 set,将长宽高的值传递给私有成员
    x.display();                       //调用对象的成员函数 display,输出长宽高
    cout << x.getVolume() << endl;     //调用对象的成员函数 getVolume,输出体积
    cout << x.getArea() << endl;       //调用对象的成员函数 getArea,输出表面积
    return 0;
}
```

2、通过对象指针来访问成员

语法形式如下。

> 对象的指针->公有数据成员
> 对象的指针->公有成员函数名(参数表)

箭头运算符"->"左侧是一个类类型的对象指针,右侧是该类型的一个成员名,运算结果为右侧指定的成员。对象指针需先赋值再使用。

例 14-4:定义一个公司的"员工"类,包含工号和姓名两个数据成员,完成设置和输出员工信息的功能。代码如程序段 14-4 所示。

程序段 14-4

```cpp
#include<iostream>
#include<string>
using namespace std;
//类的定义
class employee
{
private:
    string number, name;            //私有成员：工号和姓名

public:
    void set(string gh,string xm);  //函数原型声明
    void display();
};
void employee::set(string gh, string xm)   //函数实现，设置员工信息
{
    number = gh; name = xm;
}
void employee::display()            //函数实现，输出员工信息
{
    cout << "工号是" << number << endl;
    cout << "姓名是" << name << endl;
}
//主函数
int main()
{
    employee *p;                    //定义对象指针
    string gh, xm;                  //定义两个字符串变量
    getline(cin, gh);               //输入工号
    getline(cin, xm);               //输入姓名
    p = new employee;               //为对象指针赋值，申请内存空间
    p->set(gh, xm);                 //调用成员函数
    p->display();
    return 0;
}
```

注意：对象和对象指针访问成员的区别。

3、访问范围

在类的成员函数内部，能够访问当前对象的全部数据成员和函数；同类其他对象的全部数据成员和函数。

在类的成员函数以外的地方，只能够访问该类对象的公有成员。

四、面向对象程序设计

1、面向过程的程序设计

C 语言是一种面向过程的程序设计语言。面向过程的设计思路：根据实际问题的要求对其进行分析，找出解决问题的方法和步骤；然后采用自顶而下、分而治之的方法，将整个程序按照功能分为不同的模块，每个模块就是一个函数，主函数通过调用其他函数来完成全部处理工作。

面向过程的优点是思路简单，易于掌握。简单的问题可以用面向过程的思路来解决，直接有效，但是在大型程序设计时，程序代码难以扩充、维护和重用。

2、面向对象的程序设计

C++语言是面向对象的程序设计语言。面向对象的设计思路：以现实世界中的事物为中心，将事物的本质特征抽象为类。对象是类的实例，因此面向对象就是以对象为中心，把要解决的问题分解成各个对象，描述各个对象在整个解决问题的步骤中的属性和行为。

面向对象程序设计的步骤如下。

（1）事物抽象

抽象出某类事物的共同属性，用不同类型的变量加以描述，形成一个数据结构。

抽象出某类事物的行为或功能，形成一个个函数，函数用来操作数据结构。

（2）定义类

根据抽象的结果定义类。定义类中的数据成员，实现类中的成员函数。

将数据成员和操作数据成员的函数"捆绑"在一起，形成一个"类"，这就是"封装"。"封装"将属于该类的所有东西打包在一起，通过访问限定符选择性的将其部分功能开放出来作为外部接口，与其他类进行交互，而对于类内部的私有成员，外部用户无须知道。

封装的目的是增强数据的安全性，并且简化程序的编写工作。

（3）使用类

在程序中定义类的实例（即对象），通过访问类的公有成员来完成任务。

第三节 构造函数和析构函数

一、构造函数

使用对象和使用变量一样，原则是先赋值后使用。对象的某些数据成员应该有确定的值，否则会导致程序出错。

在定义类时，在类中不能对数据成员进行初始化，另外，数据成员一般会被定义为私有类型，也无法从外部对私有成员直接赋值。例如，

```
cubiod x;
x.d = 10; x.w = 10; x.h = 10;
```

这种赋值是错误的，因为 d、w、h 都是私有成员，不能被外部访问。所以，在例 14-1、

例 14-2、例 14-3、例 14-4 中，都是通过公有函数 set( )间接完成数据成员的初始化。

为了编程者方便，C++专门提供了构造函数来完成初始化数据成员的过程。

1、构造函数的概念

构造函数是一种特殊的成员函数，构造函数的名称与类的名称是完全相同的，可以有参数，但不能指定函数类型。构造函数的作用是初始化对象的数据成员。

2、默认构造函数

如果定义类时没写构造函数，则编译器自动生成一个默认构造函数。默认构造函数无参数，不做任何操作。默认构造函数的形式如下。

```
类名::类名(){}
```

3、定义构造函数

如果定义了构造函数，则编译器不生成默认构造函数。构造函数的定义形式如下。

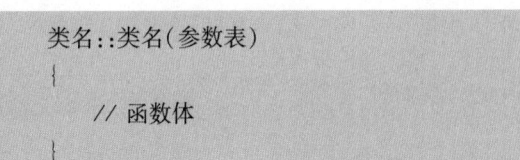

```
类名::类名(参数表)
{
    // 函数体
}
```

创建对象时，系统会自动调用构造函数，编程者不能在程序中直接调用。有了构造函数，就不必专门再写初始化函数，也不用担心忘记调用初始化函数。

二、析构函数

1、析构函数的概念

析构函数也是一种特殊的成员函数。析构函数的名称与类的名称是完全相同的，前面加字符"~"。析构函数没有参数，没有返回值。它的作用与构造函数相反，一般是执行对象的清理工作。

2、默认析构函数

如果在类的定义中没有编写析构函数，系统会自动生成默认析构函数。默认析构函数的形式如下。

```
类名::~类名(){}
```

析构函数没有参数，一个类仅有一个析构函数。

3、定义析构函数

如果定义了析构函数，则系统不生成默认析构函数。析构函数的定义形式如下。

```
类名::~类名(参数表)
{
    // 函数体
}
```

当一个对象的生存周期结束的时候，系统将自动调用析构函数来撤销该对象，返还它所占用的内存空间。

例 14-5：构造函数和析构函数简单示例。定义一个"圆"类，数据成员为半径，计算圆的面积。代码如程序段 14-5 所示。

程序段 14-5

```cpp
#include<iostream>
using namespace std;
class circle
{
private:
    double r;              //数据成员半径
public:
    circle();              //构造函数1，无参数
    circle(double r1);     //构造函数2，有参数
    ~circle();             //析构函数
    void area();           //成员函数，计算并输出圆面积
};

circle::circle()
{
    r = 2.5;
    cout << "自动调用构造函数1" << endl;
}

circle::circle(double r1)
{
    r = r1;
    cout << "自动调用构造函数2" << endl;
}

circle::~circle()
{
    cout << "自动调用析构函数" << endl;
}

void circle::area()
{
    cout << 3.14 * r * r << endl;
}

int main()
{
    circle c1;             //声明c1对象时自动调用构造函数1
    c1.area();
```

```
    circle c2(10);        //声明 c2 对象时自动调用构造函数 2
    c2.area();
    return 0;
}
```

运行结果如图 14-3 所示。

```
■ Microsoft Visual Studio 调试控制台
自动调用构造函数1
19.625
自动调用构造函数2
314
自动调用析构函数
自动调用析构函数
```

图 14-3 构造函数和析构函数示例运行结果

  circle 类定义了两个构造函数。第一个没有参数，在构造函数体内对数据成员赋以默认值；第二个有一个参数，在函数体内把参数值赋给对应的数据成员。

  在主函数中，创建的对象 c1 没有参数，因此系统自动调用无参的构造函数，半径初始化为 2.5；对象 c2 有一个参数，系统自动调用有一个参数的构造函数进行匹配调用，将 c2 初始化为相应的值。在整个程序结束前，对象 c1、c2 的生存期结束，系统自动调用析构函数输出两条信息。

本 章 小 结

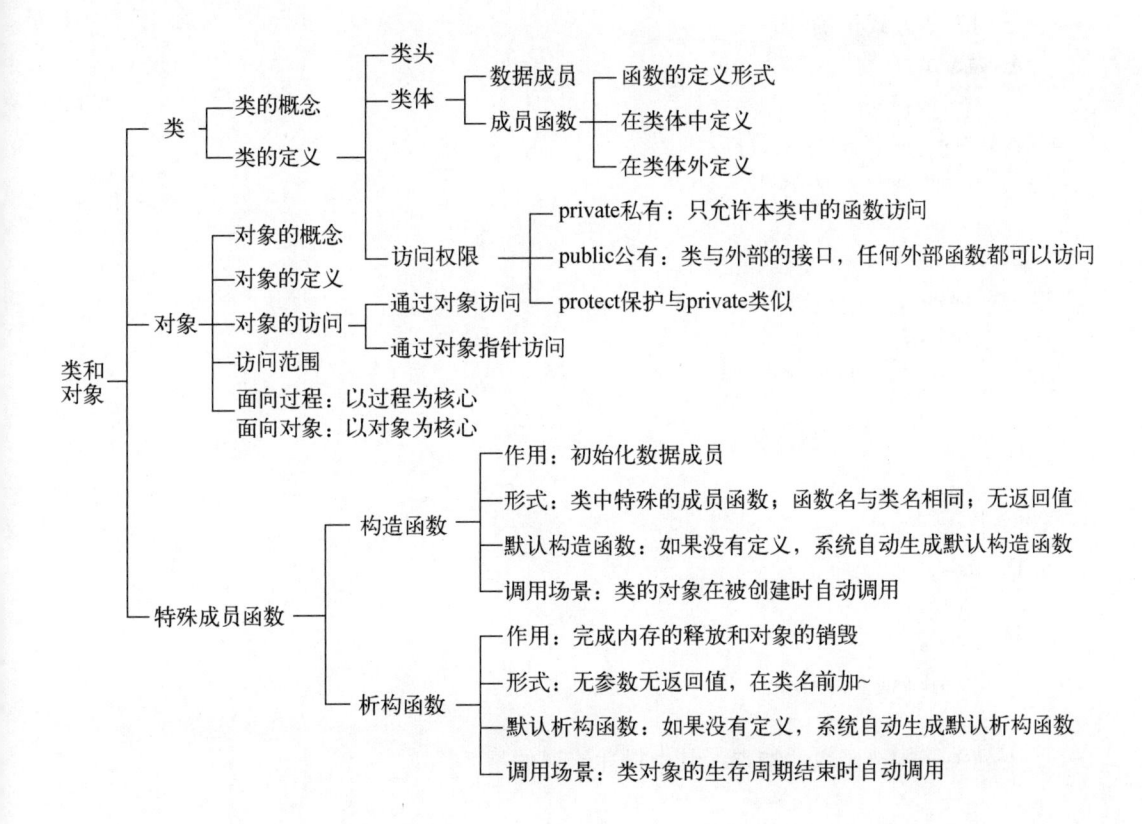

```
            ┌ 类的概念     ┌ 类头
       ┌ 类 ┤             ┤        ┌ 数据成员   ┌ 函数的定义形式
       │    └ 类的定义 ─── 类体 ────┤           │
       │                           └ 成员函数 ──┼ 在类体中定义
       │                                        └ 在类体外定义
       │    ┌ 对象的概念
       │    │                      ┌ private 私有：只允许本类中的函数访问
       │    │ 对象的定义            │
  类和 ┤ 对象┤ 对象的访问 ─ 访问权限 ┼ public 公有：类与外部的接口，任何外部函数都可以访问
  对象 │    │             ┌ 通过对象访问
       │    │ 访问范围    └ 通过对象指针访问
       │    │                      └ protect 保护与 private 类似
       │    │ 面向过程：以过程为核心
       │    └ 面向对象：以对象为核心
       │                    ┌ 作用：初始化数据成员
       │                    │ 形式：类中特殊的成员函数；函数名与类名相同；无返回值
       │          ┌ 构造函数┼ 默认构造函数：如果没有定义，系统自动生成默认构造函数
       │          │         └ 调用场景：类的对象在被创建时自动调用
       └ 特殊成员函数
                  │         ┌ 作用：完成内存的释放和对象的销毁
                  │         │ 形式：无参数无返回值，在类名前加~
                  └ 析构函数┼ 默认析构函数：如果没有定义，系统自动生成默认析构函数
                            └ 调用场景：类对象的生存周期结束时自动调用
```

习 题 十 四

一、单选题

1、面向对象的_____是一种信息隐蔽技术，目的在于将对象的使用者与设计者分开。不允许使用者直接存取对象的属性，只能通过有限的接口与对象发生联系。

    A. 多态性

    B. 封装性

    C. 继承性

    D. 重用性

2、下列有关类的说法，不正确的是_____。

    A. 对象是类的一个实例

    B. 任何一个对象只能属于一个具体的类

    C. 一个类只能有一个对象

    D. 类与对象的关系，就像数据类型与变量的关系

3、类的构造函数被自动调用执行的情况是在定义该类的_____。

    A. 对象时

    B. 数据成员时

    C. 成员函数时

    D. 友元函数时

4、下列表达方式正确的是_____。

    A. class P
       {public：
         int x = 15;
         void show( ){cout<<x;}
       };

    B. class P
       {public：
         int x ;
         void show( ){cout<<x;}
       }

    C. class P
       {int f;};
       f=25

    D. class P
       {public：
         int a;
         void seta(int x){a=x;}
       };

5、下列关于构造函数的特点，其中描述错误的是_____。

A. 构造函数是一种成员函数，它具有一般成员函数的特点
B. 构造函数必须指明其类型
C. 构造函数的名称与其类名相同
D. 一个类中可以定义一个或多个构造函数

6、下列不具有访问权限属性的是_____。
A. 非类成员
B. 类成员
C. 数据成员
D. 函数成员

7、类定义的内容允许被其他对象无限制地访问的是_____。
A. private 部分
B. protected 部分
C. public 部分
D. 以上都不对

8、在用关键字 class 定义的类中，以下叙述正确的是_____。
A. 在类中，不作特别说明的数据成员均为私有类型
B. 在类中，不作特别说明的数据成员均为公有类型
C. 类成员的定义必须是成员变量定义在前，成员函数定义在后
D. 类的成员定义必须放在类定义体内部

9、假定 A 为一个类，f( ) 为该类公有的成员函数，a1 为该类的一个对象，则访问 a1 对象中函数成员 f( ) 的格式为_____。
A. a1.f
B. a1.f( )
C. a1->f( )
D. （a1）.f( )

10、有关析构函数的说法，不正确的是_____。
A. 析构函数有且仅有一个
B. 析构函数和构造函数一样可以有形参
C. 析构函数的功能是用来释放一个对象
D. 析构函数无任何函数类型

11、假设定义了一个类 AA，则对其构造函数和析构函数形式描述正确的是_____。
A. void AA( )，void ~AA( )
B. AA(参数)，~AA(参数)
C. AA(参数)，~AA( )
D. AA( )，~AA(参数)

二、判断题
1、只有类中的成员函数才能存取类中的私有成员。
2、在面向对象程序设计框架中，函数是程序的基本组成单元。
3、类是一种用户自定义类型，对象是类的一个实例。

4、构造函数与析构函数同名，只是名字前加了符号~。
5、如果被访问成员是公有的，访问表达式可出现在 main 函数中。
6、在面向对象程序设计中，结构化程序设计方法仍然具有重要的作用。

三、填空题

1、_____是对具有相同属性和行为的一组对象的抽象，任何一个对象都是某一个类的实例。

2、若在类的定义体中只给出了一个成员函数的原型，则在类外给出完整定义时，其函数名前必须加上类名和_____作用域运算符。

3、假定用户没有给一个名为 AB 的类定义析构函数，则系统为其定义的析构函数为_____。

4、所谓数据封装就是将一组数据和与这组数据有关操作组装在一起，形成一个实体，这实体也就是_____。

5、有如下类声明：

```
class Foo{int bar;};
```

则 Foo 类的成员 bar 是_____数据成员。

6、在 C++面向对象程序设计框架中，_____是程序的基本组成单元。

7、类是一种抽象的概念，属于该类的一个实例叫作"_____"。

实验十四　类 和 对 象

一、设计一个问候类（Hi），具有数据成员 s（字符串）、设置数据成员和输出数据成员的功能。主函数代码如下。

```
int main()
{
    Hi a;
    string name;
    cin >> name;
    a.set(name);        //初始化数据成员
    a.display();        //输出数据成员
    return 0;
}
```

程序执行样例如下图所示。

```
Microsoft Visual Studio 调试控制台
Beijing
Hello Beijing
```

二、设计一个问候类（Hi），具有数据成员 s（字符串）、输出数据成员的功能。定义构造函数对数据成员初始化。主函数代码如下。

```
int main( )
{
    string name;
    cin >> name;
    Hi a(name);        //创建对象，自动调用构造函数，初始化数据成员
    a.display( );
    return 0;
}
```

三、输入两个整数，输出两数相加之和。Add 类的定义如下：

```
class Add
{
private:
    int a;
    int b;
public:
    void set(int a1, int b1)
    {
        a = a1;
        b = b1;
    }
    void display( )
    {
        cout << a << "-" << b << "=" << a - b << endl;
    }
};
```

编写主函数完成任务。程序执行样例如下图所示。

```
Microsoft Visual Studio 调试控制台
100 45
100-45=55
```

四、定义时钟类，数据成员包括时、分、秒；完成设置时间和显示时间的功能。程序执行样例如下图所示。

```
Microsoft Visual Studio 调试控制台
22 56 23
22:56:23
```

五、定义日期类，数据成员包括年、月、日；完成设置日期、输出日期、判断是否闰年的功能。程序执行样例如下图所示。

```
Microsoft Vis    Microsoft Visual Studio 调试控
2023 9 1         2000 12 31
2023-9-1         2000-12-31
不是闰年         是闰年
```

第十五章　继承与多态

学习目标：
1、理解继承与派生的概念。
2、理解子类的定义和子类对父类的访问权限。
建议学时： 4 学时
教师导读：
1、面向对象的三大特点是封装、继承和多态。本章要求考生理解继承与派生、子类和父类的概念。
2、要求考生基本掌握子类的定义。

第一节　继　　承

一、继承的概念

"封装"可以将现实世界中每个事物的属性和行为封装成类。例如，Student 类和 Teacher 类，两个类包含的数据成员和成员函数如图 15-1 所示。

```
//学生类
class Student
{
private:
    string name;
    int age;
    string gender;
public:
    void set(string xm, int nl, string xb);
    void display();
};
```

```
//教师类
class Teacher
{
private:
    string name;
    int age;
    string gender;
public:
    void set(string xm, int nl, string xb);
    void display();
};
```

图 15-1　"学生"类和"教师"类

可以看出，Student 类和 Teacher 类具有共同的属性和行为，即相同的数据成员和成员函数，所以两个类中具有重复代码。

宇宙中万事万物之间可能存在着一定的关系。Student 和 Teacher 都属于"人"，"人"都有姓名、年龄、性别等属性。Cat 和 Dog 两个类，因为都属于"动物"，所以具有相同的吃、喝、拉、撒、叫、跑、跳、睡等行为。

对于这些有一定关系的事物，如果每个事物都封装成类，势必会出现重复代码，重复代码就是一种浪费。

C++的继承机制可以避免这种重复，可以用一种更简单的方式来描述事物。

1、继承

继承就是在一个已存在的类的基础上创建一个新类。继承的目的就是可以让代码重用，它允许程序员在保持原有类特性的基础上进行扩展，增加功能，从而产生新的类。

2、父类（基类）

已存在的类称为基类，又称为父类。

3、子类（派生类）

新建立的类称为派生类，又称为子类。子类继承了父类的属性和行为，同时子类也可以声明新的属性和新的行为。因此，继承机制可以重用父类的代码，也可以为子类编写新的代码。父类与子类之间的关系如图 15-2 所示，箭头方向表示继承的方向，由子类指向父类。

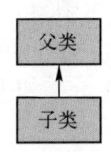

图 15-2 父类与子类之间的关系

4、单继承和多继承

子类只有一个父类，称为单继承，如图 15-3 所示。

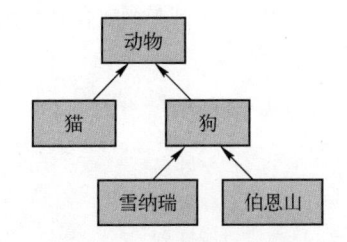

图 15-3 单继承举例

一个子类可以有两个或多个父类，称为多继承。如图 15-4 所示。

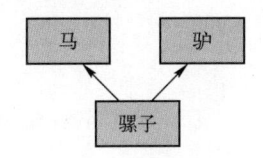

图 15-4 多继承举例

5、派生

派生和继承实际上是从不同的角度描述了同一个概念。继承是儿子接收父亲的产业，派生是父亲把产业传承给儿子。子类继承了父类，父类派生出子类。

二、子类定义

子类定义形式如下。

```
class 子类名:继承方式 父类名
{
```

```
            //子类新定义的成员
    }
```

说明：

（1）父类名是已有类的名称，子类名是新建的类名。

（2）继承方式有 public（公有继承）、private（私有继承）和 protected（保护继承）。默认的继承方式是 private。

（3）继承方式的不同决定了子类对父类成员访问权限的不同，实际应用中一般都采用 public（公有继承）。

（4）子类继承父类中的数据成员和成员函数，但是不包括构造函数和析构函数。

例 15-1：父类和子类的定义和使用。将 Student 类和 Teacher 类的公有数据提取出来，封装成 Person 父类。由父类派生出 Student 子类和 Teacher 子类，Student 子类和 Teacher 子类包含了新增成员。代码如程序段 15-1 所示。

程序段 15-1

```cpp
#include<iostream>
using namespace std;
//父类 Person，数据成员有姓名、年龄和性别；成员函数有输入数据和输出数据
class Person
{
private:
    string name;                        //姓名
    int age;                            //年龄
    string gender;                      //性别
public:
    void set(string xm, int nl, string xb)    //成员函数：输入数据
    {
        name = xm; age = nl; gender = xb;
    }
    void display()                      //成员函数：输出数据
    {
        cout << name << " " << age << " " << " " << gender << " ";
    }
};

//子类 Student，除了继承 Person 父类的成员，还新增了成员
class Student:public Person
{
private:
    string major;                       //新增私有成员：学生的专业
public:
    void setStu(string zy)              //新增成员函数：输入学生的专业
```

```cpp
        {
            major = zy;
        }
        void displayStu()                    //新增成员函数:输出学生的专业
        {
            cout << major << endl;
        }
};

//子类 Teacher,除了继承 Person 父类的成员,还新增了成员
class Teacher:public Person
{
private:
    string profession;                       //新增私有成员:教师的职称
public:                                      //新增成员函数
    void setTea(string xm, int nl, string xb, string zc)
    {
        profession = zc;
        set(xm, nl, xb);                     //子类函数中直接调用父类的公有成员 set()
    }
    void displayTea()
    {
        display();                           //子类函数中直接调用父类的公有成员 display()
        cout << profession << endl;
    }
};

int main()
{
    Student s;                               //创建子类对象 s
    s.set("李派生", 18, "female");            //子类对象直接调用父类的公有成员 set()
    s.setStu("计算机");                       //子类对象直接调用自己的公有成员 setStu()
    s.display();                             //子类对象直接调用父类的公有成员 display()
    s.displayStu();                          //子类对象直接调用自己的公有成员 displayStu()
    Teacher t;                               //创建子类对象 t
    t.setTea("梁继承", 50, "male", "教授");   //直接调用自己的公有成员 setTea()
    t.displayTea();                          //直接调用自己的公有成员 displayTea()
}
```

运行结果如图 15-5 所示。

三、子类对父类的访问权限

以公有继承(Public)方式创建的子类对父类成员的访问权限如下。

```
■ Microsoft Visual Studio 调试控制台
李派生 18  female 计算机
梁继承 50  male  教授
```

图 15-5　父类和子类的定义和使用

1、子类继承了父类的全部成员，除了构造函数和析构函数

在例 15-1 中，Student 子类、Teacher 子类继承了 Person 父类，如图 15-6 所示。

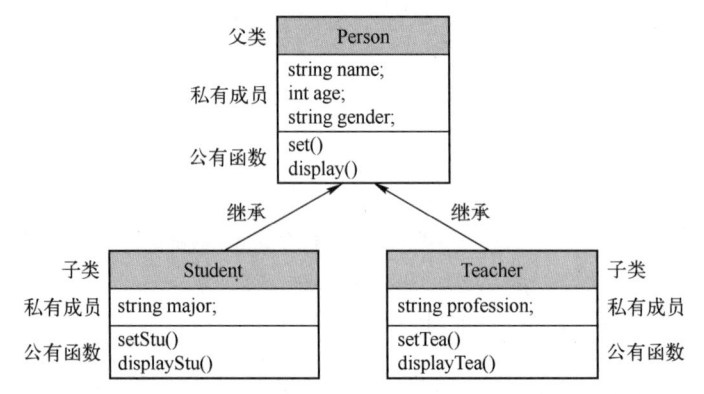

图 15-6　Person 父类、Student 子类、Teacher 子类的关系

在图 15-6 中，Student 子类继承了父类的所有成员与函数，还新增了"major"成员和 setStu( )函数、displayStu( )函数。Teacher 子类继承了父类的所有成员与函数，并且新增了"profession"成员和 setTea( )、displayTea( )函数。

2、子类可以访问父类的公有成员

子类的成员函数可以访问自身新增的成员。例如，在程序段 15-1 中，Teacher 类的成员函数 setTea( )和 displayTea( )能直接访问属于本类的新增私有成员"profession"。

子类的成员函数也可以访问父类的公有成员。例如，在程序段 15-1 中，Teacher 类的成员函数 setTea( )和 displayTea( )可以直接调用父类的公有成员 set( )和 display( )。

子类对象可以访问自身的公有成员。例如，在程序段 15-1 中，子类对象 t 直接调用自己的公有成员 setTea( )和 displayTea( )。

子类对象也可以直接访问父类的公有成员。例如，在程序段 15-1 中，子类对象 s 直接调用父类的公有成员 set( )和 display( )。

3、子类无法直接访问父类的私有成员

子类虽然继承了父类的私有成员，但却不能直接访问父类的私有成员，但是可以通过调用父类公有的 set( )函数，对父类的私有成员 name、age 和 gender 赋值。

第二节　多态（扩展阅读）

一、多态的概念

多态按字面的意思就是多种形态，多态是指不同的对象完成某个行为时会产生不同的状态和结果。例如,"猫"和"狗"不同的小动物,发出"叫声"这个行为,结果会有两种不同的声音;"老年人""中年人""学生"不同年龄的人,在购买"车票"这个行为上,票价不同;"长方形""三角形"不同的图形,在计算"面积"这个行为上,计算面积的公式不同。

当类之间存在层次结构,并且类之间是通过继承关联时,就会用到多态。

C++的多态分为编译时的多态和运行时的多态。

1、编译时的多态

编译时的多态是指函数重载和运算符重载,在编译时就能根据实参确定应该调用哪个函数。运算符重载的实质就是函数重载,例如,系统通过对运算符"+""-""*"和"/"的重载,保证它们能够同时支持 int、char 和 double 等不同数据类型的运算。

2、运行时的多态

运行时的多态是指在程序运行过程中,在调用成员函数时,会根据调用函数的对象的类型不同执行不同的函数。

C++运行时的多态必须满足的条件如下。

- 有继承关系。
- 父类中的成员函数是虚函数,且子类重写虚函数。
- 必须通过父类的指针或者父类引用指向子类对象,调用虚函数。

二、虚函数

虚函数是在父类中声明为 virtual 的成员函数,只能在类体中定义。

在父类中声明一个虚函数,然后在一个或多个子类中对其进行重写。通过父类的指针指向不同的子类对象,形式上是调用从父类继承的同一个成员函数,实际上会自动调用各子类的同名成员函数,这就是所谓的多态。简而言之就是"一种接口,多种方法"。

1、虚函数的声明形式

虚函数的声明形式如下所示。

```
virtual 函数类型 函数名(参数表);
{
    //函数体
}
```

例 15-2:当学校的上课铃响之后,学生(Student)、教师(Teacher)和校长(Principal)会对"铃声响"表现出不同的行为。用虚函数实现多态。代码如程序段 15-2 所示。

程序段 15-2

```cpp
#include<iostream>
using namespace std;
//父类 Person
class Person
```

```cpp
{
private:
    string name;              //姓名
    int age;                  //年龄
    string gender;            //性别
public:
    virtual void bellring( )     //父类虚函数
    {
        cout << "铃声响,我是……" << endl;
    }
};

//子类 Student
class Student :public Person
{
public:
    void bellring( )          //子类虚函数
    {
        cout << "铃声响,我是学生,在教室听课" << endl;
    }
};

//子类 Teacher
class Teacher :public Person
{
public:
    void bellring( )          //子类虚函数
    {
        cout << "铃声响,我是教师,在教室讲课" << endl;
    }
};

//子类 Principal
class Principal :public Person
{
public:
    void bellring( )          //子类虚函数
    {
        cout << "铃声响,我是校长,在校园检查" << endl;
    }
};

int main( )
```

```
    Person * p;              //声明父类对象指针 p
    Student s;               //声明 Student 类的对象 s
    p = &s;                  //用 Student 对象的地址给父类指针赋值
    p->bellring( );          //调用 Student 对象的成员函数 bellring( )

    Teacher t;               //声明 Teacher 类的对象 s
    p = &t;                  //用 Teacher 对象的地址给父类指针赋值
    p->bellring( );          //调用 Teacher 对象的成员函数 bellring( )

    Principal pr;            //声明 Principal 类的对象 s
    p = &pr;                 //用 Principal 对象的地址给父类指针赋值
    p->bellring( );          //调用 Principal 对象的成员函数 bellring( )
}
```

运行结果如图 15-7 所示。bellring 函数在父类中声明为虚函数，通过父类指针 p 指向不同的子类对象，从而调用哪一个对象的 bellring 函数，得到不同的输出结果。

```
Microsoft Visual Studio 调试控制台
铃声响，我是学生，在教室听课
铃声响，我是教师，在教室讲课
铃声响，我是校长，在校园检查
```

图 15-7　多态实例

2、虚函数的重写（或覆盖）

父类中的虚函数必须用 virtual 显式说明。

子类中有一个跟父类完全相同的虚函数（即子类虚函数与父类虚函数的返回值类型、函数名字、参数列表完全相同），称子类的虚函数重写了父类的虚函数，即虚函数的重写或虚函数的覆盖。

调用虚函数操作的只能是对象指针或对象引用。

三、纯虚函数

在程序段 15-2 中，父类中成员函数 bellring( )虽然有函数体，但是并无实际意义，因此可以将其声明为纯虚函数。

纯虚函数就是没有函数体的特殊虚函数，在父类中没有具体的实现，其实现留给子类虚函数来完成。子类必须给出该虚函数的定义，用于覆盖纯虚函数。

纯虚函数的声明形式如下。

```
virtual 函数类型 函数名(参数表)= 0;
```

程序段 15-2 中的父类中成员函数 bellring( )就可以简化为：

```
virtual void nihao( ) = 0;      //纯虚函数 nihao( )
```

面向对象的三大特点是封装、继承和多态。封装可以隐藏实现细节，使得代码模块化；继承可以扩展已存在的代码模块。封装和继承的目的都是为了代码重用。而多态则是为了实现另一个目的：接口重用。面向对象的这三种机制能够有效提高程序的可读性、可扩充性和可重用性。

本 章 小 结

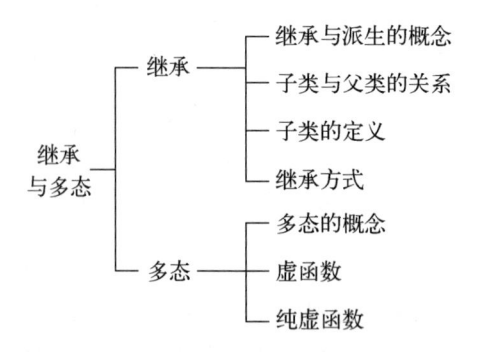

```
              ┌─ 继承 ─┬─ 继承与派生的概念
              │        ├─ 子类与父类的关系
              │        ├─ 子类的定义
继承          │        └─ 继承方式
与多态 ───────┤
              │        ┌─ 多态的概念
              └─ 多态 ─┼─ 虚函数
                       └─ 纯虚函数
```

习 题 十 五

一、单选题

1、在 C++中继承方式有几种_____。

    A. 1

    B. 2

    C. 3

    D. 4

2、C++的继承性允许子类继承父类的_____。

    A. 部分特性，但不允许增加新的特性或重定义父类的特性

    B. 部分特性，并允许增加新的特性或重定义父类的特性

    C. 所有特性，并允许增加新的特性或重定义父类的特性

    D. 所有特性，但不允许增加新的特性或重定义父类的特性

3、假设已经定义好了父类 student，现在要定义子类 derived，它是从 student 私有派生的，则下列定义 derived 的正确写法是_____。

    A. class derived:student private{…}

    B. class derived:student public{…}

    C. class derived:private student{…}

    D. class derived: public student {…}

4、以公有继承方式创建的子类，不能继承的有_____。

    A. 虚函数

    B. 数据成员

    C. 构造函数

D. 成员函数

5、下列关于子类的描述中，错误的是_____。

　　A. 父类可以派生出多个子类

　　B. 一个子类可以作为另一个子类的父类

　　C. 子类只能有一个父类

　　D. 子类至少有一个父类

6、下列关键字中，不能用来表示继承方式的是_____。

　　A. protected

　　B. static

　　C. public

　　D. private

7、下面哪项_____不是面向对象程序设计的主要特征。

　　A. 封装

　　B. 继承

　　C. 多态

　　D. 结构

8、关于虚函数的描述中，_____是正确的。

　　A. 派生类的虚函数与基类的虚函数可以具有不同的参数个数和类型

　　B. 基类中说明了虚函数后，派生类中其对应的函数一定要说明为虚函数

　　C. 虚函数是一个 static 类型的成员函数

　　D. 虚函数是一个成员函数

9、实现运行时的多态，以下_____不是必要条件。

　　A. 虚函数操作的是基类指针

　　B. 虚函数操作的是基类引用

　　C. 要有虚函数的支持

　　D. 虚函数操作的是基类对象

10、以下基类中的成员函数表示纯虚函数的是_____。

　　A. virtual void vf(int)

　　B. void vf(int) = 0

　　C. virtual void vf( ) = 0

　　D. virtual void yf(int){ }

二、判断题

1、在一个子类中，其成员由两部分构成：一部分是从父类继承得到的；另一部分是自己定义的新成员，所有这些成员仍然分为公有、私有和保护三种访问属性。

2、如果不显式地给出继承方式，默认的继承方式是私有继承。

3、基类的私有成员派生类是可直接访问的。

三、填空题

1、可以让新类继承已定义的类的数据成员和成员函数，这个新类称为_____，原来的类称为_____。

2、面向对象程序设计的_____机制提供了重复利用程序资源的一种途径。

3、新类可以从一个类中派生，这是_____继承；也可以从多个类中派生，称为_____。

4、派生类的成员一般分为两部分，一部分是_____，另一部分是自己定义的新成员。

5、派生类的主要用途是可以定义其基类中_____。

实验十五　继承与多态

一、假设 Circle 是已定义过的圆类，类的定义如下。

```cpp
//Circle 类
class Circle
{
private:
    double r;
public:
    void set(double r1){r = r1;}
    void display() {cout << "半径:" << r << endl;}
};
```

定义子类：圆柱体，具有数据成员的输入输出功能，并对继承关系的类进行测试。程序执行样例如下图所示。

```
Microsoft Visual Studio 调试控制台
半径:10
圆柱高:6
```

二、假设 Shape 是已定义过的类，类的定义如下。

```cpp
//基类
class Shape
{
public:
    void set(int w,int h)
    {
        width = w;
        height = h;
    }
private:
    int width;
    int height;
};
```

定义子类：长方体，输出长方体的面积。程序执行样例如下图所示。

```
5 7
Total area: 35
```

三、阅读下面的程序，分析结果。

```cpp
#include<iostream>
using namespace std;
class Bird
{
public:
    virtual void singing() = 0;
};
class Sparrow :public Bird {
public:
    virtual void singing()
    {
        cout << "sparrow jijizha....\n";
    }
};
class Crow :public Bird
{
public:
    virtual void singing() {
        cout << "Crow GuGuGuGuGuGu....\n";
    }
};

int main()
{
    Bird * bird;
    Sparrow sparrow;
    bird = &sparrow;
    bird->singing();
    Crow crow;
    bird = &crow;
    bird->singing();
    return 0;
}
```

参 考 文 献

［1］罗建军．计算机程序设计基础：精讲多练 C/C++语言［M］．北京：清华大学出版社，2009．
［2］龚沛曾，杨志强．C/C++程序设计教程［M］．北京：高等教育出版社，2009．
［3］郑秋生．C/C++程序设计教程［M］．2 版．北京：电子工业出版社，2011．
［4］郎建昭．边用边学 C 语言［M］．北京：清华大学出版社，2002．

后　　记

　　经全国高等教育自学考试指导委员会同意，由电子、电工与信息类专业委员会负责高等教育自学考试《计算机程序设计基础》教材的审定工作。

　　本教材由北京工商大学孙践知教授、肖媛媛老师、张迎新老师共同编著。全书由孙践知统稿。

　　上海师范大学李鲁群教授和上海交通大学任庆生副教授对本教材进行审稿，提出修改意见，谨向他们表示诚挚的谢意。

　　全国考委电子、电工与信息类专业委员会最后审定通过了本教材。

全国高等教育自学考试指导委员会
电子、电工与信息类专业委员会
2023 年 12 月